푸드
Food Coordination
코디네이션
이론과 실습

이영순·김덕희 공저

일진사

머리말

우리의 식생활은 경제 성장과 함께 소득이 증가함에 따라 먹거리가 풍부해지면서 단순한 의식주의 식(食) 개념에 머무르지 않고 점차 고급화된 문화로 자리 잡게 되었다. 이러한 흐름에 맞추어 외식 현장에서의 식공간 연출과 푸드 스타일링은 점점 더 중요해지고 있으며, 음식 문화 산업에 다양한 변화를 일으키는 역할을 하고 있다.

이러한 푸드 코디네이션은 영양학적인 학문을 바탕으로 한 음식 섭취에서 벗어나 심리적 욕구 충족을 위하여 음식의 시각적인 조건과 식공간의 조화를 추구하며, 자연스런 대화를 유도하여 즐겁고 편안한 식사를 연출함으로써 새로운 음식 문화를 창출해 낸다.

이 책은 푸드 코디네이션을 전반적으로 이해하기 위해 기본적으로 알아야 할 푸드 코디네이션 개요 및 동서양의 식문화와 상차림, 색채와 음식, 테이블 코디네이트, 푸드 및 파티 연출, 차와 행다례, 아동 요리 지도, 푸드 표현 예술 치료 등에 대한 이론을 사진 및 일러스트와 함께 자세하게 설명하였다. 또한 여러 가지 다양한 실습을 통해 푸드 코디네이션에 대한 이해를 증진시키고, 나아가 외식 문화 산업 현장 실무에 적용할 수 있도록 현실감 있게 구성하였다.

이 한 권의 책이 완성되기까지 15여 년 동안 준비한 자료와 열정으로 집필하였지만 막상 책이 완성되고 나니 부족함과 아쉬움이 많이 남는다. 하지만 푸드 코디네이터를 지망하는 학생, 외식 관련 전공자, 단체 급식, 외식 문화 산업 등 현장에서 실용 지식을 얻고자 하는 전문가라면 반드시 갖추어야 할 기본 지식, 관심을 가져야 하는 분야를 함께 수록하여 이들에게 유용한 실용서로 활용도가 높으리라 확신한다.

끝으로 사진 작업으로 고생하신 윤길현 님, 20여 년 동안 아동 요리 지도를 해오신 한국발효음식협회 수석 부회장 김경진 님, 한국발효협회 부회장이자 한국요리학원 원장이신 정은숙 님, 푸드 스타일링에 도움을 주신 삼성 웰스토리 조리컨설팅 차장 정광열 박사님께 자료 도움과 감수를 해 주신 것에 대해 가슴 깊이 감사드리며, 아동 요리의 주 모델이자 늦둥이 아들인 이승현 군에게도 감사의 뜻을 표한다. 또한 부족함이 많은 원고를 정리해 주시고 다듬어 주신 도서 출판 **일진사** 편집부 직원 여러분께 진심으로 감사드린다.

저자 씀

차 례

차 례

9장 아동 요리 지도

10장 푸드 표현 예술 치료(food art therapy)

1장

푸드 코디네이션 개요

1장 푸드 코디네이션 개요

푸드 코디네이션의 개념

현재 의식주(衣食住) 중에서 식(食)은 과거와 다르게 비춰지고 있다. 과거에는 인간 생활에 필요한 기본 요소로 단순히 배고픔을 충족시키는, 즉 생존을 위한 생리적 욕구로서만 비춰졌다면 현재는 식문화(食文化)라는 하나의 문화이자 학문으로서 비춰지고 있다.

그렇다면 푸드 코디네이션(food coordination)이란 무엇일까? 사전적 의미로 '푸드(food)'는 음식, 식품 등을 의미하며, '코디네이션(coordination)'은 전체적으로 조화롭게 갖추어 꾸미는 일, '조합'으로 순화하여 쓰이고 있다. 이렇듯 푸드 코디네이션이란 간단하게 말하면 음식을 조합하는 것이고, 구체적으로는 음식의 전체적인 요소들을 우선순위를 고려하여 조화롭게 배열함으로써 정돈된 상태를 만들어 완성도 높은 모습을 보이는 것이며, 사회 · 문화 · 경제적 인지도를 파악하고 통합하여 조정 · 조합함으로써 이를 소비자에게 제공하는 것이라고 할 수 있다.

푸드 코디네이션의 목적은 아름다움과 행복한 감성을 더할 수 있도록 요리 자체를 돋보이게 하는 것이며, 식생활이 여유롭고 풍요로워지면서 사람들이 화려함과 고급스러움을 추구하게 되어 식문화가 예술적으로 변화하기 시작한 것이 그 계기가 되었다.

[그림 1-1] 테이블 연출

푸드 코디네이터의 역할

푸드 코디네이터(food coordinator)는 조리는 물론 식문화, 식공간 연출, 식기(table ware), 식사 예절(table manner)과 서비스 예절(service manner) 등 식사 전반에 대한 폭넓은 전문 지식과 다양한 경험을 가지고 음식 문화 산업을 이끌어 가는 전문가라고 할 수 있다.

식문화의 실천자이며 식의 어메니티(amenity : 쾌적함, 기분 좋고 편안한 환경)를 창조하는 역할을 갖고 있는 푸드 코디네이터는 일상에서 식생활(食生活)하는 사람들에게 맛있는 식사를 제공하기 위

[표 1-1] 푸드 코디네이션 관련 전문직 분류

직 업	역 할
푸드 스타일리스트 (food stylist)	만들어진 요리가 맛있어 보이도록 요리에 시각적인 생명을 주는 사람
테이블 코디네이터 (table coordinator)	편안하고 아름다운 장소에서 보다 맛있는 식사를 할 수 있도록 식공간과 식탁을 디자인하고 연출하는 사람
파티 플래너 (party planner)	다른 말로 푸드 매니저(food manager)라 하기도 하며, 고객의 파티 주제에 맞게 테마 선정부터 세부적인 프로그래밍, 파티의 원활한 진행까지 총 책임을 담당하는 사람
레스토랑 프로듀서 (restaurant producer)	콘셉트 설정부터 메뉴 플래닝, 서비스 방식, 개업식을 위한 이벤트 행사, 메뉴 시식회 등을 기획하고 연출하는 사람
차 전문 지도사 (tea instructor)	차 종류별 우림 기술, 차의 성분과 효능, 차의 활용, 차 선별 및 품평, 차 코칭법 등 차 전반에 대한 전문적인 지식 및 활용 기술을 가지고 조언하며 차 교육을 기획하고 강의를 할 수 있는 차 전문가
푸드 저널리스트 (food journalist)	요리 관련 기사를 집필하고, 잡지에 레시피를 소개하거나 식문화를 리포트화하는 일을 하는 사람(요리에 대한 설득력 있는 문장 표현력이 뛰어난 사람들이 많음)
아동 요리 지도사 (cooking educator for kids)	요리에 대한 전문적인 지식을 가지고 아동의 연령에 따른 적절한 요리 수업을 통해 수학, 과학, 언어, 탐구 능력, 정서 발달, 자기주도학습능력, 논리력, 창의력 등의 발달을 향상시켜 주는 전문가
푸드 아트 테라피스트 (food art therapist)	음식 재료를 가지고 즉흥적으로 간단히 작품을 만들며, 마음을 표현할 수 있는 활동으로 마음을 치유할 수 있게 도와주는 사람
바리스타 (barista)	커피에 대한 전문적인 지식과 기계를 이용하여 고객의 입맛에 맞춘 커피를 추출해 주는 사람
소믈리에 (sommelier)	고객이 주문한 메인 메뉴만 보고도 한번에 어울리는 와인을 알아낼 수 있을 정도의 해박한 전문 지식을 가지고 있으며, 와인의 추천과 구매, 보관 등 와인과 관련된 활동을 하는 사람

해 음식(객체)의 상태와 먹는 쪽(주체)의 상태를 가장 바람직한 조건으로 갖추어 사랑과 편안함, 기쁨의 분위기를 자아낼 수 있어야 한다. 또한 창조적인 사고를 가지고 항상 발전을 추구해야 하고, 사람과 사람을 연계할 수 있는 능력과 주위 지인들을 중요한 재산으로 생각하는 자세를 갖추어야 하며, 관계 형성 및 새로운 소재들에 대한 관심과 자신의 일에 대한 프로 의식을 지니고 있어야 한다.

푸드 코디네이터의 업무로는 푸드 매니지먼트(food management), 메뉴 플래닝(menu planning), 테이블 코디네이트(table coordinate) 등이 있으며, 관련된 일을 총체적으로 기획하고 제작을 행하는 경우도 있다. 또한 영양과 건강, 음식의 안전성, 새로운 기능성 식품 등의 정보나 아이디어를 제공하는 것도 푸드 코디네이터의 업무 분야이다. 외식 산업 등 식문화가 급속도로 성장하는 지금 푸드 코디네이터의 역할은 점점 더 중요해지고 있다. 따라서 푸드 코디네이터는 이러한 시대적 흐름을 빠르게 판단·분석하여 사회적 분위기와 여론에 부응하는 식문화를 개발하고 발전시키는 선도적인 역할에 앞장서야 한다.

[그림 1-2] 테이블 세팅

푸드 코디네이터의 활동 영역

푸드 코디네이터의 활동 영역은 각 나라의 경제적 여건과 문화적 배경에 따라 다양하다. 일본과 미국의 영향을 받은 우리나라는 21세기 유망 직종으로 분류되면서 푸드 코디네이터를 선망하는 사람들은 증가한 반면 그에 비해 성숙한 자질과 자격을 갖춘 이들이 적다. 현대인들의 다양한 욕구와 감성을 충족시키기 위해서는 식(食)을 어떤 요소로 코디네이트하느냐에 따라 현재에도, 미래에도 계속 세분화되고 점점 더 전문화될 것이다.

푸드 코디네이터는 푸드 코디네이터의 활동 영역과 가장 밀접한 관련이 있는 광고계와 메뉴 개발, 또한 음식과 관련된 전반적인 일을 담당하며, 요리 연구가, 파티 플래너(party planner), 테이블 코디네이터(table coordinator), 푸드 스타일리스트(food stylist) 등의 다양한 명칭으로 활동하고 있다.

[그림 1-3] 풀뷔페

2장

동서양의 식문화와
상차림

2장 동서양의 식문화와 상차림

동양의 식문화와 상차림

I. 한국

(1) 한국의 식문화

한국은 3면이 바다이고 4계절이 있어 곡물과 어류를 비롯한 해산물 등 다양한 식재료가 발달하였다. 남쪽 지방의 경우 기후와 풍토가 농사 짓기에 적합하여 신석기 시대에 농사가 본격적으로 시작되어 곡물이 재배되었고, 청동기 시대에 쌀을 주식으로 하는 벼농사가 이루어졌다. 이후 곡물은 우리 음식 문화의 중심이 되었고, 삼국 시대 후기부터 밥과 반찬으로 주식과 부식을 분리한 한국 고유의 일상식 형태가 갖춰졌다. 밥과 반찬을 곁들여 먹는 식사 형태는 여러 가지 식품을 골고루 섭취함으로써 영양의 균형을 상호 보완시켜 주는 합리적인 식사 형식이다.

상차림은 전통적으로 격식과 예의를 중시하여 식기는 여름에는 도자기 식기를, 겨울에는 금속제 식기를 많이 사용하였으나 요즘에는 대부분 도자기 식기를 많이 사용한다.

[그림 2-1] 농경문 청동기

[그림 2-2] 빗살무늬 토기

(2) 한국 음식 문화의 역사

13세기 이전까지는 북쪽의 국가에서, 16세기에는 임진왜란을 계기로 남쪽의 국가에서, 19세기에는 서양 여러 나라의 영향을 받으면서 식문화가 다양하게 변화하고 발전하여 왔다.

삼국 시대에는 채소를 소금에 절여 먹는 발효 식품이 만들어졌으며, 통일 신라 시대에는 숭불 정책으로 인해 식생활에서 채소 음식과 차(茶)가 발달하였다. 고려 시대에는 송, 여진, 몽고와의 교역이 활발하여 소금, 후추, 설탕 등이 수입되었으며, 조선 시대에는 유교 문화가 정착되면서 효(孝)를 근본으로 조상을 중요시하고 가부장 제도에 따른 식생활을 중요시하였다.

현재와 같은 한국의 전통 식생활은 조선 시대 후기에 체계가 잡혔다.

① 삼국 시대

쌀밥이 주식으로 정착되면서 시루에 찐 떡이 발달하였고, 부족 국가 시대에 만들어진 조미료인 장(醬)이 본격적으로 확산되었으며, 꿀과 기름도 사용되었다. 또한 부식으로 김치가 중요한 자리를 차지하게 되는데 이때의 김치는 고춧가루를 넣지 않은 간장이나 된장 또는 젓갈 등에 절여 만든 짠지의 일종이었다.

[그림 2-3] 고구려의 부엌

『삼국지 위지 동이전』에서 '고구려 사람은 장양을 잘한다.'라고 소개하였다. 장양(藏釀)은 술 빚기, 장 담기, 채소 절임과 같은 발효 식품을 만드는 솜씨를 말한다.

② 통일 신라 시대

외국과 교류하면서 식생활 체제가 정착한 시대이다. 지역 간의 교류가 활발하여 식생활의 다양화에 크게 영향을 끼쳤으며, 계층 간의 차이에 따라 상류층은 문화 행사나 연회 등을 통해 사치스럽고 호화스러운 식생활을 누렸다. 불교의 융성으로 차(茶)를 마시는 풍습이 유행하였다.

③ 고려 시대

차(茶)와 함께 과정류(菓飣類)가 발달하였고, 떡의 조리 기술이 고도로 발달하였으며, 대외 무역이 활발하던 때였으므로 사신의 영접이나 상인의 접대를 위한 연회가 빈번하여 식기와 음식 등 식생활 문화가 발전하는 계기가 되었다.

④ 조선 시대

사대주의의 숭유 억불 정책으로 음다(飮茶) 풍습이 쇠퇴되어 차(茶) 대신 숭늉이나 막걸리를 음용하였으며, 숭유 제도에 의해 상차림의 규범화가 정착되었고 한식이 발달하였다. 원래

한·중·일 삼국 모두 젓가락과 숟가락을 사용하는 수저 문화권에 속했었지만 중국과 일본은 13~14세기부터 숟가락을 탈락시켜 젓가락 문화권이 되었고 우리나라만 수저 문화권을 유지하고 있다.

(3) 한국 음식 문화의 일반적인 특징

① 음양오행설(陰陽五行設)에 따른 음식 문화

음식도 음(陰)과 양(陽)으로 나뉘어 있는데 음(陰)이 되는 음식에는 달걀, 고기, 어패류 등의 동물성 식품이 있고, 양(陽)이 되는 음식에는 콩, 과일, 식물성 기름 등 식물성 식품이 있으며, 음과 양의 조화를 이루기 위하여 동물성·식물성 식품을 함께 먹는 경우가 많이 나타난다.

오행(五行)은 화(火), 수(水), 목(木), 금(金), 토(土)를 의미하며, 만물은 다섯 가지 요소에 의해 상생(相生)하기도 하며 상극(相剋) 관계를 이루기도 한다.

② 향토 음식의 발달

조선 시대에 각 지방의 향교와 서원을 중심으로 사림 문화가 성행하면서 향토 문화가 성장함에 따라 향토 음식이 발달하였다. 향토 음식이란 그 지방에서 생산되는 재료를 가지고 조리하여 과거부터 현재까지 그 지방 사람들이 먹고 있는 음식을 말한다.

향토 음식은 어디에서나 흔히 있는 재료라 하더라도 생활 형태, 기후, 풍토 등 지역적 특성이 반영된 특유한 조리법이나 타지방과 차별적으로 발전한 가공 기술을 이용하여 만든 음식이며, 맛은 지방의 기후와 밀접한 관계가 있다.

남쪽으로 갈수록 음식의 간과 매운맛이 조금 강하고, 조미료와 젓갈을 많이 사용한다. 북쪽으로 갈수록 밭농사에 의한 잡곡 생산이 많고, 음식의 간은 싱겁고 매운맛이 덜하며, 젓갈을 쓰지 않아 맛이 담백하고, 음식의 종류는 적지만 크기가 크고 양은 푸짐하다.

③ 세시(歲時) 음식 문화의 발달

사계절이 어김없이 오고 가는 기후 환경에서 가는 철을 아쉬워하고 오는 계절을 반기는 정서를 표현하기 위해 절기(節氣)를 즐기는 풍습인 절식(節食)이 생겨났다. 지역에 따라서는 한철만의 별미 식품이 있어 시식(時食)으로 즐기는데, 시식은 계절에 따라 나는 식품으로 만드는 음식을 말한다.

④ 통과 의례(通過儀禮) 음식의 발달

사람이 태어나서 죽을 때까지 행하는 의식을 통과 의례라 하고 음식을 갖추어서 의례를 지킨다. 즉 출생, 백일, 돌, 관례, 혼례, 회혼례, 회갑례, 상례, 제례 등을 거치게 되는데 그때마다 상징적인 의례 음식이 발달되어 있다.

⑤ 주식(主食)과 부식(副食)의 뚜렷한 구분

　쌀을 위주로 하여 보리, 콩, 조, 수수 등의 잡곡을 섞거나 쌀만으로 지은 밥 또는 죽, 국수, 만두, 수제비 등을 주식으로 이용한다.

　부식은 국이나 찌개 같은 국물 있는 음식과 발효 음식인 김치를 기본으로 채소류, 어류, 육류 등을 조리하여 영양상 비교적 합리적이고 조화롭게 배합되어 있다.

[그림 2-4] 한국의 음식 문화를 엿볼 수 있는 전통 가옥

⑥ 다양한 음식의 종류와 조리법의 발달

　음식의 가짓수가 많은 편으로 밥, 국, 찜, 구이, 나물, 전, 조림 등 음식의 종류도 많고, 썰기, 끓이기, 데치기, 찌기 등 조리법도 다양하다.

　서양 음식이 건열 조리인 것과는 달리 한국 음식은 습열 조리가 발달하였으며, 일상 음식 이외에 간장, 된장, 고추장 등의 장류와 김치, 젓갈, 식초 등의 발효 식품 및 떡, 한과, 화채, 차, 술 등 그 종류가 다양하다.

⑦ 다채로운 음식의 맛과 멋

　갖은 양념이라는 표현에서 알 수 있듯이 마늘, 고춧가루, 간장, 된장, 참기름, 식초, 깨소금 등 양념의 종류가 많고, 이 것을 적절히 사용하여 한국 고유의 음식 맛을 낸다. 음식을 아름답게 장식하기 위해 잣, 은행, 버섯, 알지단 등을 고명으로 만들어 멋을 낸다.

[그림 2-5] 양념

⑧ 다양한 상차림의 발달

상차림의 종류는 일반식으로는 반상, 죽상, 면상이 있고, 손님 접대용으로는 주안상, 교자상, 다과상이 있다. 반상은 조선 시대에 와서 반찬을 담는 그릇인 쟁첩의 가짓수(첩수)에 따라 3첩, 5첩, 7첩, 9첩, 12첩으로 확립되었다. 점심때나 손님을 대접할 때 국수를 주로 하는 경우가 많았으며, 명절에 차리는 상차림도 다양하게 발달하였다.

⑨ 계절 변화에 따른 저장 및 발효 음식의 발달

전통 발효 음식인 김치, 된장, 고추장, 간장 등이 발달하였으며, 장류는 기본 조미료로 보편적인 단백질 급원 식품이다.

봄철의 장 담그기와 나물 말리기, 초여름의 젓갈 담그기, 초가을의 가을 나물 말리기와 장아찌 담그기, 입동철의 김치 담그기와 메주 쑤기 등의 연중행사가 철저히 진행된다.

메주 건조

된장, 간장 발효

전통 발효 음식 보관

[그림 2-6] 전통 발효 음식

(4) 일반 상차림

① 반상

우리나라의 일상식 상차림으로 밥과 국, 김치, 장류가 기본이다. 그 외에 쟁첩에 담는 반찬의
가짓수인 첩수로 상차림을 구분하며, 이는 신분이나 빈부, 계절에 따라 달라진다.

• 3첩 반상 : 일반 서민들의 상차림

3첩 반상	기본	밥	국	김치	장류 1(간장)
	3첩	숙채 또는 생채	구이 또는 조림	마른반찬 또는 장과나 젓갈	

[그림 2-7] 3첩 반상

• 5첩 반상 : 형편이 나은 서민들의 상차림

5첩 반상	기본	밥	국	김치 2	장류 2 (간장, 초간장)	찌개
	5첩	숙채 또는 생채	구이, 조림	전류	마른반찬 또는 장과나 젓갈	

[그림 2-8] 5첩 반상

• 7첩 반상 : 반가의 상차림

7첩 반상	기본	밥	국	김치 2	장류 3 (간장, 초간장, 초고추장)	찌개	찜 또는 전골
	7첩	숙채, 생채	구이, 조림	전류	마른반찬 또는 장과나 젓갈	회 또는 편육	

[그림 2-9] 7첩 반상

• 9첩 반상 : 반가의 상차림

9첩 반상	기본	밥	국	김치 3	장류 3 (간장, 초간장, 초고추장)	찌개 2	찜, 전골
	9첩	숙채, 생채	구이, 조림	전류	마른반찬, 장과, 젓갈	회 또는 편육	

[그림 2-10] 9첩 반상

• 12첩 반상 : 궁중에서 임금님이 드시는 수라상 차림

12첩 반상	기본	밥	국	김치 3	장류 3 (간장, 초간장, 초고추장)	찌개	찜, 전골
	12첩	숙채, 생채	구이 2 (찬 구이, 더운 구이), 조림	전류	마른반찬, 장과, 젓갈	회, 편육	수란

[그림 2-11] 12첩 반상(수라상)

② 면상

밥을 대신하여 국수, 만둣국, 떡국 등을 주식으로 점심 또는 간단한 식사 때 차리는 상이며,
반찬으로 전유어, 회, 신선로, 잡채, 배추김치, 나박김치, 조과류, 음청류 등을 곁들인다.

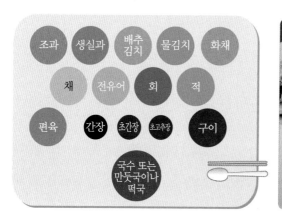

[그림 2-12] 면상

③ 죽상

죽을 주식으로 한 상차림으로 이른 아침에 간단히 찌개류, 김치류, 마른반찬을 두 가지 정도 곁들여 차리는 상이다.

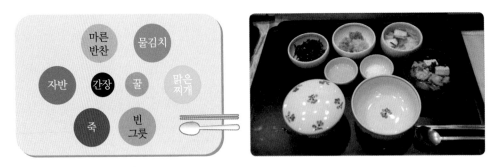

[그림 2-13] 죽상

④ 주안상

술을 대접하기 위해서 혼자보다는 둘 이상의 겸상으로 이루어지는 상이다. 술과 국물 있는 음식(전골, 찌개), 전유어, 회, 편육, 김치 등 술의 종류에 따라 음식을 다르게 하여 술안주로 상에 올린다.

⑤ 교자상

경사가 있을 때 장방형의 큰 상에 여러 사람이 함께 모여 먹을 수 있도록 차리는 상이다. 주식은 냉면, 온면, 만둣국, 떡국 중에서 계절에 맞게 선택하고 탕, 찜, 편육, 회, 신선로, 구절판, 김치 두 가지 등을 반찬으로 낸다. 후식으로 각색편, 숙실과, 생과일, 화채, 차를 낸다.

⑥ 다과상

식사 시간 이외에 따로 차려 다과만 대접하거나 주안상이나 교자상을 차리고 난 후 나중에 내는 후식상이다. 유과, 유밀과, 다식, 숙실과, 화차, 차 등을 낸다.

(5) 통과 의례 상차림

사람이 태어나서 죽을 때까지 행하는 의식을 통과 의례라고 하며, 우리나라는 예로부터 음식을 갖추어서 의례를 지낸다.

① 출생부터 첫돌까지

• 출생 직후 : 아기가 태어나면 삼신상을 차려 먹는데 흰 쌀밥에 미역국을 끓여 상 위에 밥 세 그릇과 국 세 그릇을 바쳐 아기와 산모의 건강 회복을 축복하고 삼신께 감사한다.

- 삼칠일(세이레) : 아기가 태어난 후 7일마다 상을 차리며 21일째 되는 날에는 대문에 달았던 금줄을 떼어 외부인의 출입을 허락하고, 아기가 태어난 것을 축하하는 의미로 백설기를 준비하여 집안에 모인 가족끼리 나누어 먹는다.
- 백일 : 출생 후 백일이 되는 날에는 백설기와 붉은 팥고물 찰수수경단과 오색송편, 흰밥, 미역국, 푸른나물을 준비하여 차린다. 백설기는 아기의 무병장수를 기원하고, 붉은 팥고물 찰수수경단은 귀신이 붉은색을 기피한다고 여겨 액이 물러가기를 기원하였고, 오색송편은 만물의 조화를 기원하며 놓았다.
- 돌상 : 태어난 아기의 첫 생일에 축하하는 뜻으로 백설기, 팥고물 수수경단, 찹쌀떡, 송편, 무지개떡, 인절미, 계피떡, 과일을 주로 차리는 상차림이다. 여러 물건을 상에 올려두고 돌잡이를 하는데 활과 화살은 무인으로 성장하기를, 국수는 장수를, 대추는 자손 번창을, 쌀은 재복을, 책은 문인으로 성장하기를 기원하며 놓았다.

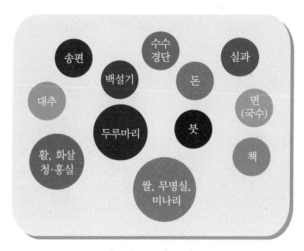

[그림 2-14] 돌상

[그림 2-15] 현대식 돌상

[그림 2-16] 남아 돌잡이상

② 혼례상

전통 혼례를 치를 때 차리는 상으로 대례상, 초례상이라고도 한다. 혼인 전날 저녁 신랑의 집에서 신부의 집으로 납폐함이 들어올 시간에 맞추어 쪄서 봉치떡을 준비하는데, 봉치떡은 찹쌀과 붉은 팥으로 만든 떡에 대추와 밤을 둥글게 박아 만든다. 찹쌀은 부부 금슬을 좋게 유지하고, 팥은 화를 피하고, 대추는 자손 번창을 기원하는 의미이다. 앞줄에 밤, 대추, 유과를 놓고 두 번째 줄에 흰 절편, 황색 대두, 붉은 팥을 놓고 절편을 갈색으로 물들여서 수탉, 암탉 모양을 만들어 동서 좌우(東西左右)에 놓았다.

③ 폐백상

혼례를 올린 신부가 처음으로 시부모님과 시댁의 친족에게 인사드릴 때 신부 측에서 준비한 음식을 놓는 것을 폐백이라고 한다. 지역에 따라 다르며 보통 육포, 대추, 밤, 호두, 엿, 고기 음식 등을 중심으로 여러 가지를 준비한다.

[그림 2-17] 혼례상   [그림 2-18] 폐백상

④ 큰상

한국의 상차림 중 가장 성대하고 화려하다. 회갑, 칠순, 회혼을 맞이한 부모님께 자손들이 큰상을 차리고 축하와 감사의 뜻을 표한다. 이것은 가족의 화목을 다지는 계기가 된다.

⑤ 제상

조선 시대에는 제사 양식이 규범화되어 가장 정중하게 행사가 진행된다. 떡국을 올리고 제사를 드리는 정월 명절과 송편을 올리고 제사를 드리는 추석 명절에 올리는 차례가 있고, 돌아가신 고인을 추모하기 위해 올리는 제사가 있다. 각 지방과 가풍에 따라 차이가 있으며, 가정 의례 준칙에 따른 절차와 배치도를 기준으로 차리는 것이 좋다.

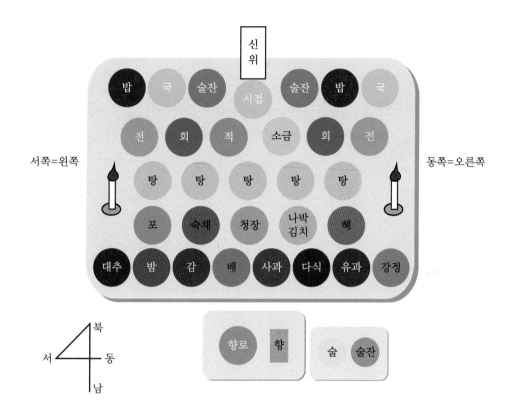

[그림 2-19] 제사상 차림

> ### Tip 제사상 차리는 법
>
> 제수(祭需)의 진설(陳設) : 제사에 사용하는 재료를 상에 차리는 법식
> 제주(祭主)가 바라보는 방향으로 오른쪽(右)을 동쪽(東), 왼쪽(左)을 서쪽(西)이라
> 한다.
> • 조율시이(棗栗柿梨) : 왼쪽부터 대추, 밤, 감, 배의 순서로 놓는다.
> • 홍동백서(紅東白西) : 붉은 과일은 동쪽에, 흰 과일은 서쪽에 놓는다.
> • 좌포우해(左脯右醢) : 포는 왼쪽에, 젓갈은 오른쪽에 놓는다.
> • 건좌습우(乾左濕右) : 마른 것은 왼쪽에, 젖은 것은 오른쪽에 놓는다.
> • 생동숙서(生東熟西) : 김치는 동쪽에, 나물은 서쪽에 놓는다.
> • 어동육서(魚東肉西) : 생선은 동쪽에, 고기는 서쪽에 놓는다.
> • 두동미서(頭東尾西) : 생선 머리는 동쪽으로, 꼬리는 서쪽으로 놓는다.
> • 면서병동(麵西餅東) : 면은 서쪽에, 떡은 동쪽에 놓는다.
> • 반서갱동(飯西羹東) : 밥은 서쪽에, 국은 동쪽에 놓는다.

[그림 2-20] 제사상

(6) 대표 절기의 상차림

1년 동안 대체로 계절마다 또는 한 달에 한 번씩 있는 절기에 따라 음식을 차리고 오락을 즐기는 풍속이 이어져 체력을 유지하고, 집단 공동체의 동질성을 확인하여 이웃 간의 친목을 도모하는 등 생활의 여유를 보여 준다.

① 설날

정월 초하룻날로 꿩, 소, 닭고기를 이용해 국물을 만들고 가래떡을 이용해 떡국을 만들어 먹는다. 흰색 음식으로 새해를 시작하고 이것은 천지 만물의 부활을 의미한다.

② 정월 대보름

음력 1월 15일, 1년 중 가장 달이 크고 밝게 뜨는 날로 가장 큰 보름이라 하여 대보름이라고 한다. 오곡밥이나 약식을 짓고, 말려 놓은 묵은 나물을 반찬으로 하여 먹는다. 묵은 나물을 먹으면 더위를 먹지 않는다고 믿었고, 복쌈이라고 하여 김이나 취나물, 배춧잎에 밥을 싸서 먹으며 복이 오고 풍년이 들기를 기원하였다.

15일 아침에는 1년 내내 부스럼이 없도록 밤, 호두, 잣, 콩 등 부럼을 깨물어 먹고, 아침 식사에는 귀가 밝아지고 귓병이 생기지 말라고 귀밝이술을 먹는다.

③ 추석

음력 8월 15일로 한가위 또는 중추절이라고도 한다. 봄부터 여름까지 가꾼 햇곡식과 햇과일들을 수확해 송편, 토란탕, 화양적, 닭찜 등과 같이 조상에게 감사제를 올린다. 명절 중 가장 풍성한 마음으로 맞이하였다.

④ 동지

　　태양이 동지점을 통과하는 12월 22일이나 23일경으로 1년 중 낮이 가장 짧고 밤이 가장 긴 날이다. 팥죽을 쑤어 먹기도 하고 문에 발라 부정을 막기도 하는 풍속이 있다.

　　팥죽을 쑬 때는 찹쌀로 새알 모양의 새알심을 빚어 죽 속에 넣고 끓여 꿀을 타서 시절 음식으로 먹는다. 그 밖에 냉면, 비빔국수, 수정과, 동치미, 과일 등을 준비한다.

(7) 식사 예절

① 상 올리기

- 좌식 생활을 하는 온돌 문화로 아랫목이 상석이기 때문에 어른이나 그날의 주인공을 아랫목으로 앉게 한다.
- 앉을 때는 상의 모서리를 피하고 척추를 반듯하게 세워 앉는다.
- 팔로 방바닥을 짚거나 팔꿈치를 상 위에 올리고 식사를 하는 것은 옳지 못하다.
- 상을 들일 때는 소리를 내지 않고 문지방을 밟지 않도록 하며, 내려놓을 때에는 소리가 나지 않게 조심하여 내려놓도록 한다.
- 차고 더운 음식은 먹기 직전에 내도록 하고, 술이 겸해질 때에는 술을 적당히 마시고 난 후 밥과 국을 낸다.

② 수저 사용법

- 숟가락과 젓가락은 한 손 또는 양손에 들지 않으며, 식사를 하는 중에는 숟가락과 젓가락을 그릇에 걸치거나 얹어 놓지 않는다.
- 식사 중에 숟가락은 빨면 안 되고, 먹는 도중 수저에 음식물이 묻어 있지 않도록 주의한다.
- 밥과 국, 찌개, 국물김치는 숟가락으로 먹고 다른 반찬은 젓가락을 사용한다.

③ 음식 먹는 순서

- 어른이 먼저 수저를 든 다음에 아랫사람이 들도록 한다.
- 어른보다 먼저 식사를 끝냈을 경우에는 수저를 국 대접에 얹어 놓았다가 식사가 끝나면 상 위에 내려놓는다.

④ 상 차리기

- 먹는 사람이 편하도록 차리며, 간장 등 양념류는 상 중앙과 먹는 사람 가까이, 개인 용기에 따로 둔다.
- 국물 음식은 식지 않고 먹기 쉽게 하여 오른쪽에 두고, 국물 없는 음식은 멀리 놓는다.

- 부피가 작은 것은 가까이에 놓고 부피가 큰 것은 멀리 놓는다.
- 손님 상차림은 모든 음식을 한 상 위에 차려서 손님들이 가져다 먹는 뷔페식 스타일로 차린다. 서양식 뷔페와는 차이가 있는데 우리는 덜어 먹는 것보다는 자신의 수저로 갖다 먹는 스타일이다.
- 교자상은 일자형으로 구성되며, 음식 역시 일자형으로 한 줄 또는 두 줄로 차리는 것이 보통이다.

[그림 2-21] 한식 상차림

⑤ 식사하기
- 숟가락으로 국이나 김칫국물을 먼저 떠먹은 후 밥이나 다른 음식을 먹는다.
- 국물을 마실 때에는 소리 없이 마시고, 밥그릇이나 국그릇을 손으로 들고 먹지 않으며, 반찬 접시나 밥그릇을 숟가락이나 젓가락으로 긁지 않는다.
- 함께 먹는 음식은 별도의 젓가락이나 국자를 곁들여 덜어 먹으며, 밥이나 반찬을 뒤적거리거나 헤치는 것을 삼간다.
- 먹지 않는 것을 골라내거나 양념을 털어내고 먹지 않으며, 밥그릇은 제일 나중에 숭늉을 넣어 깨끗하게 비운다.
- 식사 전에는 손을 꼭 씻고, 물수건으로는 손만 닦도록 한다. 식사 중, 특히 물이나 음료를 마실 때 양치질하는 소리를 내는 것은 실례다.
- 윗사람이 식사 중일 때는 먼저 먹었다고 일어나서는 안 되며, 음식을 먹을 때 입 안이 다른 사람에게 보이지 않도록 한다.
- 몸을 뒤로 젖히거나 젓가락을 높이 들고 음식을 먹거나 혀를 내밀어 음식을 먹는 것도 실례다. 음식이 입에 있는데 말을 해야 할 때에는 먹던 것을 삼키고 수저를 놓고 말한다.
- 음식을 먹는 도중에 뼈나 생선가시 등은 옆 사람에게 보이지 않게 조용히 종이에 싸서 버린다. 상 위나 바닥에 그대로 버리지 않도록 한다.

- 식사 중에 기침이나 재채기가 나면 얼굴을 옆으로 하고 손이나 손수건으로 입을 가리고 다른 사람에게 실례가 되지 않도록 한다.
- 음식을 다 먹은 후에는 수저를 처음 위치에 가지런히 놓고 '잘 먹었습니다.' 하고 감사의 인사를 한다.
- 이쑤시개를 사용할 때에는 한 손으로 가리고 사용하고, 사용한 후에는 남에게 보이지 않게 처리한다.

[그림 2-22] 한식 식기 문화의 변화

2. 중 국

(1) 중국의 식문화

중국의 식문화는 음양오행(陰陽五行)과 중용(中庸)이라는 철학을 기초로 하여 불로장수(不老長壽)를 목표로 오랜 기간의 경험을 토대로 꾸준히 연구·개발되었으며, 질병의 치료와 식사의 근원이 같다는 의식동원(醫食同源)의 전통적인 사고방식을 근본으로 시대별로 다양한 요리가 발달하였다.

중국은 한반도 전체 면적의 약 44배로 매우 넓어서 생산하는 식품 재료가 다양하고 풍부하다. 특히 기후가 남부 지방은 열대 다우, 중부 지방의 양쯔 강 하류는 온대 습윤, 서부 지방은 온대 몬순, 북부 지방은 냉대 하계 습윤으로 큰 차이가 있는 등 지역마다 지형·기후·풍토가 크게 달라 각 지역에 따른 독특한 식문화가 형성되었다.

또한 중국의 오랜 역사 속에서 알 수 있듯 하나의 국가가 설립되어 새로운 왕조가 탄생하면 독특한 풍습과 식문화가 형성되었고, 나라가 혼란할 때는 새로운 요리가 생겨날 여유가 없었으나 태평성대(太平聖代) 시기에는 왕실과 권력자들의 미식 욕구가 증가되어 맛있는 음식을 요구하는 과정에서 요리가 발달하였다.

(2) 중국 음식 문화의 일반적인 특징

① 숙식 문화(熟食文化) : 익혀 먹는 문화

진흙이나 벽돌을 둘러쌓아 부뚜막과 아궁이를 만들어 그 위에 냄비를 얹어 사용한 것을 계기로 고대 조리 문화가 완성되었으며, 기본적으로 날것이 몸에 좋지 않다고 생각하여 대부분 익혀서 조리한다.

② 기름과 녹말의 사용

- 기름을 많이 넣고 조리하여 영양분을 유지하면서 열량을 높여 준다. 강력한 화력을 사용하여 기름에서 단시간에 고온 조리하면 살균 효과가 있고 위생적이며, 영양소의 손실이 적고 식자재가 가지는 고유한 맛이 잘 산다.
- 녹말은 요리의 온도를 뜨겁게 유지시켜 주는 기능을 하므로 녹말을 사용해 조리하는 음식이 많다. 기름으로 조리할 때는 수분과 기름이 서로 분리되는 것을 방지하기 위해 녹말을 이용해 국물과 기름을 융합시켜 맛과 영양분이 손실되는 것을 막는다.

③ 다양한 재료와 맛

- 재료의 선택이 매우 자유롭고 광범위하여 거의 모든 재료를 식재료로 이용해 만들고, 약재를 식재료로 많이 사용하여 음식의 변질을 방지하는 데 효과적이다.
- 향신료와 조미료를 사용하여 간(甘 : 단맛), 셴(咸 : 짠맛), 쏸(酸 : 신맛), 신(辛 : 매운맛), 쿠(苦 : 쓴맛)의 오미(五味)로 맛을 복잡 미묘하게 배합하여 다양한 맛을 창출한다.

④ 다양한 조리법과 조리 기구

- 차오(炒 : 볶기), 자(炸 : 튀기기), 웨이(煨 : 끓이기), 정(蒸 : 찌기), 고(烤 : 굽기) 등 다양한 조리법을 사용하며, 재료가 본래 가지고 있는 맛을 살리는 것에 중점을 두기 때문에 재료에 따라 써는 방법이 정교하고 세밀하다.
- 휘궈(火鍋 : 중국식 샤브샤브 냄비), 차오궈(炒鍋 : 볶음 · 튀김용 중화 냄비. 휘(鑊)라고도 함), 러우사오(漏勺 : 건더기를 건질 때 사용하는 구멍 뚫린 국자), 정룽(蒸籠 : 대나무찜통) 외에 식칼 · 도마 · 뒤집개 · 국자 등이 조리 기구의 전부로 다양한 조리법에 비해 간단하고 사용하기가 쉽다.

⑤ 그 외 특징

시각적으로 외관이 화려하고 커다란 접시에 풍성하게 담아 여럿이 나누어 먹는다.

(3) 중국 4대 지역 요리

① 상하이(上海) 요리 : 해물을 이용한 진하고 깊은 맛

난징(南京), 쑤저우(蘇州), 양저우(揚州) 등 양쯔 강(揚子江) 유역의 지방을 중심으로 바다가 가까워 해산물이 풍부하고 신선하며 품질이 우수해 요리가 진하고 깊은 맛이 난다. 특히 찜과 조림 요리가 발달되어 있고, 곱고 선명한 색채들로 인해 음식이 화려하다. 물이 많아서 술과 장류로 만드는 요리가 유명하고 이것들로 인해 달고 농후한 맛을 내는 요리가 많다. 요리의 모양은 별로 중요시하지 않는 반면에 깊은 맛을 내는 데 심혈을 기울이기 때문에 장식은 거의 찾아볼 수가 없다. 어패류, 새우 요리 등 해산물 요리가 많다.

> **대표음식** 바닷가재로 만드는 푸룽칭셰(芙蓉靑蟹), 통삼겹살에 간장 등의 향신료를 넣어 조리하는 홍사오러우(紅燒肉 : 소동파가 즐겨 먹었다고 하여 둥포러우(東坡肉)라고도 한다), 팡셰(螃蟹 : 상하이 게 요리), 꽃 모양 빵인 화쥐안(花捲), 만두의 일종인 탕바오(湯包) 등

② 쓰촨(四川) 요리 : 고추와 마늘을 이용한 매콤한 맛

쓰촨(四川), 윈난(雲南), 구이저우(貴州) 등 서부 양쯔 강(揚子江) 상류 쪽을 중심으로 산악지대로 둘러싸여 있고 바다가 멀기 때문에 어패류가 부족하고 채소류는 풍부하다. 더위와 추위가 심한 기후의 영향으로 예부터 악천후를 이겨 내기 위해 채소나 보존식인 건조 식품의 취급법과 파, 부추, 마늘, 고추, 쓰촨 산초와 같은 향신료 사용법이 잘 발달되어 왔으며, 남녀노소가 모두 좋아하는 맛으로 대중화되고 있다.

더우반장(豆瓣醬)이라고 하는 매운맛이 강한 양념이 대표적이며, 마늘, 파, 고추 등 자극적인 재료를 사용하는 요리와 매운 요리가 많다.

채소와 육류를 이용한 볶음이나 찜 요리가 많으며, 색채미가 풍부한 전채 요리가 발달하였고, 다른 지방에서는 찾아볼 수 없는 독특한 조리법이 많아 전 세계의 미식가들이 즐겨 찾기도 한다.

> **대표음식** 두부와 다진 고기로 만드는 마포더우푸(麻婆豆腐), 고기를 채 썰어 생선 맛이 나도록 양념한 위샹러우스(魚香肉絲), 튀긴 닭고기에 홍고추와 땅콩 등을 넣어 매콤하게 볶은 궁바오지딩(宮保鷄丁), 삼겹살을 맵게 볶은 후이궈러우(回鍋肉), 중국식 샤브샤브인 훠궈(火鍋), 양고기 요리인 양러우궈쯔(羊肉鍋子), 새우를 고추장 양념에 볶은 간사오밍샤(干燒明蝦) 등

③ 베이징(北京) 요리 : 육류와 면류가 발달한 화려한 요리

베이징(北京), 산둥(山東) 등의 지방을 중심으로 하는 요리로 청나라의 궁중 요리와 접목된 사치스럽고 고급스러운 요리이며 서서 먹는 것이 특징이다.

왕이나 왕족은 서서 요리들이 순서대로 나오면 젓가락으로 조금씩 맛을 보고 나머지는 신하들이 먹었다. 화북 평야의 광대한 농경지에서 여러 곡물이 풍부하게 생산되는데 쌀보다 밀이 많

이 생산되어 면 요리 미엔(麵), 속 없는 찐빵인 만터우(饅頭), 부침·전·떡 등 둥글넙적하게 만든 밀가루 음식 빙(餠) 등 밀가루를 사용하는 요리가 많으며, 쇠고기와 돼지고기의 내장, 양고기·오리고기·어패류 등을 이용한 요리가 발달하였다.

다른 지역에 비해 기름을 많이 사용하는 튀김과 볶음 요리가 발달하였고, 칼로리가 높은 육식 요리가 많다. 음식은 신선하고 부드러우며 짜지 않고 달지 않으며 시지 않고 맵지 않은 담백한 맛이 특징이다.

 대표 음식 통오리구이 요리 베이징카오야(北京烤鴨), 베이징식 양고기 샤브샤브 솬양러우(涮羊肉), 돼지고기 자장볶음 징장러우쓰(京醬肉絲) 등

④ 광둥(廣東) 요리 : 우리에게 가장 친숙한 부드러운 맛

중국을 대표하는 요리로 광둥(廣東), 푸젠(福建) 등 남방 지방을 중심으로 발달되어 있고, 식문화 또한 가장 발달한 지역으로 '식재광주(食在廣州)'라고 자부할 만큼 식재료와 먹는 법이 다양하다. 쌀도 한 해에 3회나 수확할 수 있을 정도로 겨울에도 기후가 온화하며 식재료는 물론 과일, 어패류도 신선하다.

유제품을 많이 사용하여 자극적인 것보다는 싱겁고 담백한 요리가 발달되어 있고, 재료 본연의 맛을 살리는 요리가 많으며, 서유럽 요리의 영향을 받아 토마토케첩, 우스터소스, 굴소스 등 서구풍의 재료와 조미료를 이용하였다. 또한 재료미를 중시하고, 약간 달짝지근한 맛이 있으며, 해산물을 이용한 요리가 많은 것이 특징이다.

대표 음식 구운 돼지고기 요리 차사오(叉燒), 광둥식 탕수육인 구라오러우(咕老肉), 어린 통돼지구이 피엔피루주(片皮乳猪), 새우소 찐만두 사오마이(燒賣), 탕추러우(糖醋肉 : 탕수육), 바바오차이(八寶菜 : 팔보채), 중국 3대 진미 중 하나로 샥스핀이라고 하는 위츠(魚翅 : 상어지느러미)로 만든 요리, 옌워(燕窩 : 제비집)로 만든 요리 등

마파두부

찐만두

팔보채

[그림 2-23] 중국 대표 요리

[그림 2-24] 중국 4대 지역 요리

(4) 상차림

① 세팅 순서나 위치가 정해져 있지 않지만 양식과 같이 세팅된다. 한 테이블에 짝수 가짓수로 음식을 준비하며, 차가운 음식부터 시작해서 점점 뜨거운 음식으로 마무리된다. 접시 크기에 따라 인분을 나누어 분류한다.

② 중국식 테이블은 대원 사상을 바탕으로 하므로 원형이 많으며, 접시, 테이블, 딤섬 찜통, 센터피스 역시 둥글게 한다.

③ 식기는 자기 사용을 원칙으로 하되, 붉은 칠기를 사용하며 젓가락이나 냅킨도 붉은색을 선호한다.

④ 중국식 스푼인 탕치(湯匙 : 일본에서는 연꽃잎을 닮았다 하여 '렌게(蓮華 : レンゲ)'라고 부름)를 사용하고 사용 시에는 개인 접시 위쪽에 가로로 둔다.

⑤ 원탁 세팅의 포인트로는 과일을 이용하는데 주로 복숭아가 이용된다. 식탁 소품으로 용이 새겨진 소품이나 빨간 병풍, 등나무 쟁반에 옻칠을 한 소품 등이 이용된다.

⑥ 젓가락은 오른쪽에 길이로 놓는 것이 원칙이지만 요즘은 가로로도 놓는다.

⑦ 사발의 종류에는 수프 사발, 차(茶) 사발, 밥사발이 있고, 컵의 종류에는 술잔, 물잔, 찻잔이 있다.

⑧ 그릇의 지름은 일반 접시가 30cm 정도이고 작은 접시가 10~15cm 정도이다.

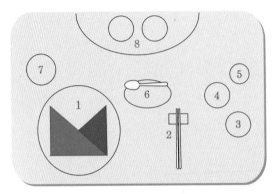

1. 접시와 냅킨
2. 젓가락과 젓가락 받침
3. 술잔
4. 찻잔
5. 기본 소스
6. 수프 접시와 스푼
7. 소스 접시
8. 기본 반찬

[그림 2-25] 중국의 기본 상차림

(5) 식사 예절

① 식사 준비

• 긴 사각형 식탁, 원형 식탁을 주로 사용하며, 한 식탁에 8~10명이 앉는다.

• 손님은 출구보다 먼 곳에 앉고, 주인은 출구 근처에 앉는다.

• 주인이 손님의 옆쪽에서 음식을 내오고, 손님 바로 앞에 놓는다.

• 사각형 탁자일 경우 맨 안쪽이 상석이고, 원형 탁자일 경우 가운데가 상석이다. 입구 쪽은 말석이나.

② 젓가락, 숟가락 사용법

• 주인이 먼저 젓가락을 들고 난 다음에 손님이 젓가락을 든다.

- 음식을 덜어 먹을 때 국자나 큰 젓가락이 나오지 않으면 자기 젓가락과 숟가락으로 덜어 먹는다.
- 젓가락은 수저 받침대에 놓고 사용한다.
- 밥, 국수는 젓가락을 사용하고 숟가락은 탕에만 사용한다.
- 젓가락으로 요리를 찔러서 먹지 않도록 한다.

③ 식사하기

- 지정된 시간 5분 전에 도착하여 차를 마시면서 별실에서 대기한다.
- 회전 식탁의 경우 다른 사람이 요리를 덜어 내고 있을 때를 피해서 덜어 내야 한다. 요리를 떠낸 다음은 다른 사람 앞으로 돌려놓는다.
- 회전대를 돌려서 풍부하게 담긴 음식을 중심으로 개인 접시에 덜어 먹으며, 전체 인원수에 대한 할당량을 생각해서 음식량을 더는 것이 좋다. 회전시킬 때에는 식기가 부딪히지 않도록 주의하고, 식탁은 더럽히지 않도록 한다.
- 개인용 접시는 더러워지면 즉시 바꾸고, 새로운 요리가 나올 경우 새 접시를 사용한다.
- 술주전자나 찻주전자의 입 부분이 사람 쪽으로 향하지 않도록 하고, 술을 마실 때에는 잔의 바닥을 보이도록 하는 것이 정식이다.
- 술은 주인이 주객부터 차례로 손님 오른쪽으로 돌면서 따라 준 후에 건배를 하고, 술을 마시지 못하는 사람이라도 처음 잔은 받아서 입에 대는 것이 좋다.
- 차(茶)는 요리가 끝난 후 중국식 찻잔으로 마실 경우 찻잔에 1인분의 찻잎을 넣고 끓는 물을 부어 향기가 달아나지 않도록 뚜껑을 덮어서 손님에게 찻잎이 들어 있는 채로 내는 것이 정식이다.
- 차를 마실 때에는 뚜껑 있는 찻잔일 경우 뚜껑을 열어서 마시지 않으며, 뚜껑을 살짝 뒤쪽으로 밀면서 마신다.

[그림 2-26] 중국의 퓨전 상차림

3. 일 본

(1) 일본의 식문화

한반도를 건너온 통구스계 종족, 동남아시아에서 온 종족과 원주민인 아이누계 종족 등이 오랫동안 살아오면서 일본 민족을 형성하였다.

요리의 형식은 고대의 신찬(神饌 : 신에게 제물로 바치는 음식으로 수확물을 그대로 올리는 생찬(生饌)과 조리한 것을 바치는 숙찬(熟饌)이 있다) 요리에서 시작되었고 12세기에서 14세기 중반에는 육식을 금하는 불교의 영향과 정치적 이유로 곡물과 채소로 만든 쇼진(精進 : 정진) 요리가 사원을 중심으로 발달하였다. 16세기 말에 차(茶) 문화의 발달과 더불어 양이 적고 계절적인 특징을 강조하는 가이세키(懷石 : 회석) 요리가 확립되었다. 에도(江戸) 시대에 들어와서 현재의 일본 요리가 완성되었으며, 이 시기에 연회나 화합에 어울리는 가이세키(會席 : 회석) 요리가 등장하였다. 기본적으로 채소 · 버섯 · 콩 · 해초류 · 생선을 위주로 한 음식 문화가 형성되어 오다가 19세기 초 메이지(明治) 유신과 함께 서양 문화를 받아들이면서 비로소 육류를 먹기 시작하였다.

일본의 풍토에서 기인한 자연관, 전통 행사에서 볼 수 있는 화려함과 귀족 · 무사 · 서민의 생활에 싹튼 미의식 등으로 구성된 섬세하고 세련된 감성이 현대까지도 자리 잡고 있다.

[그림 2-27] 일본의 기본 식기

[그림 2-28] 일본의 상차림

(2) 일본 음식 문화의 일반적인 특징

① 눈으로 먹는 음식이라 할 정도로 색과의 조화를 중요시하며 오색미를 시각적인 아름다움으로 창출한다. 깨끗하고 담백한 요리가 많으며 식기와 장식이 화려하다.

② 음식의 종류나 계절에 따라 도자기, 칠기, 죽제품, 유리 제품 등을 조화시킴으로써 음식의 공간적 아름다움을 살린다. 또한 그릇과 음식의 균형에 유의하여 큰 그릇에 너무 조금 담거나 작은 그릇에 소복이 담는 경우는 없으며, 그릇끼리의 색채와 모양을 고려하여 빨간색과 파란색, 흰색과 검은색 등을 배색한다. 식기는 기본적으로 1인분씩 따로 쓰고 소식(小食)을 한다.

③ 자연의 맛과 멋을 최대한 살릴 수 있는 조리법을 선택하여 가능한 한 조미료를 사용하지 않고 재료가 가지고 있는 맛을 최대한 살리며, 계절을 한 발 앞서 느낄 수 있는 재료를 사용하여 계절의 흐름을 느낄 수 있도록 한다.

④ 식기를 손으로 들고 먹는 예법이 있고, 식기를 만들 때 손에 닿는 감촉, 입에 닿는 촉감, 식기의 무게까지 고려해서 만들며, 식사를 할 때 젓가락만 사용한다.

⑤ 일본에서는 육식 문화가 발달하지 못한 대신 콩 소비 중심의 독특한 식생활 문화가 정착하였고, 생선과 채소를 주로 쓰면서 발전해 왔다. 주식과 부식이 나누어져 있고, 주식으로 쌀밥을 먹고 콩(대두) 제품인 두부·유부·된장·간장·낫토 등을 많이 활용한다.

⑥ 상차림은 조리법이 서로 다른 음식으로 구성된다. 주식인 밥에 국 한 가지와 초회, 구이, 조림, 채소 절임 등 반찬 세 가지로 이루어진 1즙 3채(一汁三菜)가 일반적인 상차림이다.

⑦ 기쁠 때는 빨간색, 금색을 사용하여 경사나 길조를 나타낸다. 대표적인 홍백의 조화로서 오뎅이 있다.

⑧ 슬플 때는 검은색을 사용하여 흉사, 흉조를 나타낸다.

[그림 2-29] 1즙 3채의 기본

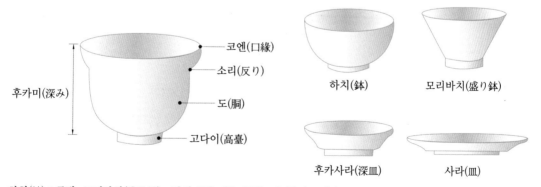

하치(鉢) : 주발, 모리바치(盛り鉢) : 과일 등을 담는 주발, 사라(皿) : 접시
후카사라(深皿) : 깊이 있는 접시, 코엔(口緣) : 입구 가장자리, 소리(反り) : 입구의 젖혀진 부분
도(胴) : 몸체, 고다이(高臺) : 밑받침, 굽, 미코미(見込み) : 그릇 안쪽 면, 후카미(深み) : 그릇 깊이

[그림 2-30] 일본 식기의 부분과 명칭

(3) 상차림

① 다이쿄(大饗 : 대향) 요리

현존하는 범위에서 가장 오래된 일본 요리 형식이다. 나라(奈羅) 시대에 중국풍 식의식이 전해져 헤이안(平安) 시대에 들어 궁중이나 귀족들이 접대의 형식으로 행한 연회 요리이며, 중국 당나라 문화의 영향을 받아 대반(台盤)이라는 테이블과 의자를 사용하였다.

② 혼젠(本膳 : 본선) 요리

무로마치(室町) 시대에 시작된 일본 요리의 기본이 되는 요리 형식으로 에도 시대에 발전하여 메이지 시대 이후 일부를 남기고 거의 없어졌다. 현재는 관혼상제 등 의식에서만 볼 수 있다. 요리 가짓수는 홀수(밥과 채소 절임은 세지 않는다)로 되어 있고 모든 요리를 동시에 차려낸다. 1즙 3채, 1즙 5채, 2즙 5채, 2즙 7채, 3즙 5채, 3즙 7채, 3즙 11채 등이 있으며, 첫째 상부터 다섯 번째 상까지 구성되는데 도구를 갖추기 어려워 현재는 세 번째 상까지 정도만 차린다.

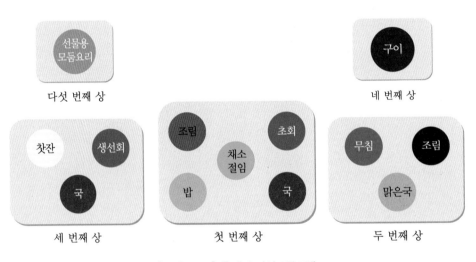

[그림 2-31] 혼젠 요리의 3즙 7채

③ 가이세키(懷石 : 회석) 요리

차(茶)를 마시는 자리에서 차를 마시기 전에 대접하는 요리로서 빈속에 차를 마시면 좋지 않기 때문에 다도를 하기 전에 공복의 허기를 달래기 위해 먹는 가벼운 요리이다. 제철 요리를 주로 하여 순수한 맛을 살려 만드는데 거기서 느껴지는 마음 씀씀이가 가이세키 요리의 본질이다.

④ 가이세키(會席 : 회석) 요리

에도 시대 후기에 혼젠 요리가 점차 간소화되어 가면서 생겨났다. 혼젠 요리의 형식을 간략화하여 만들어진 주연(酒宴)을 위한 요리이며, 혼젠의 형식을 띠면서도 형식에 구애 받지 않고 요리의 맛에 중점을 둔다. 현재 료칸(旅館)이나 요정(料亭), 회식, 연회, 피로연 등에서 많이 사용되며, 갓 만들어진 요리가 일품(一品)씩 배선(配膳)되는 것이 특징이다.

⑤ 쇼진(精進 : 정진) 요리

가마쿠라(鎌倉) 시대에 선종의 승려들이 전했던 중국풍 요리를 바탕으로 발전하였으며, 사찰 음식의 시초로 동물성 식품을 사용하지 않고 채소류, 해초류, 콩류나 두부 등 식물성 식품을 재료로 한다. 식기는 도자기를 사용하지 않고 검은색, 빨간색의 칠기를 사용한다. 육류, 파, 마늘을 넣지 않는 것이 특징이며 1즙 3채가 기본이다.

⑥ 후차(普茶 : 보차) 요리

중국의 사찰 음식으로 차를 마시고 난 후에 먹는 중국식 식사를 말한다. 채소, 기름을 사용하여 요리한다.

⑦ 싯포쿠(卓袱 : 탁복) 요리

후차 요리가 나가사키(長崎)로 전해진 중국식 요리이다.

[그림 2-32] 일본식 테이블 세팅

(4) 접시에 담을 때 기본 원칙

- 그릇의 그림이 먹는 사람의 정면에 오도록 담는다.
- 오른쪽에서 시계 반대 방향으로 원을 그리며 담아 나가는 것이 기본이며, 그릇 바깥쪽에서 자신 쪽으로 담는다.
- 생선은 머리가 왼쪽으로 향하게 하고, 생선의 배가 자기 앞으로 오게 담는다. 닭고기와 함께 놓을 경우에는 왼쪽에 생선을 담고 오른쪽에 닭고기를 담는다.
- 먹는 사람이 젓가락으로 집어먹기 쉽게 11시 방향으로 담는다.
- 차가운 요리는 접시를 차갑게, 뜨거운 요리는 접시를 데워서 뜨겁게 담는다.

• 색상의 조화와 계절감을 뚜렷이 나타낼 수 있는 그릇을 선택하여 담는다.

(5) 식사 예절

① 식사 준비

• 손님이 거실을 뒤로 하고 앉고, 주인은 출구 근처에 앉는다.
• 입구와 가장 가까운 곳에 주인이 앉고, 가장 안쪽으로 부인이 앉고, 주객은 주인 및 부인 왼쪽에 앉는다.
• 방일 경우 방석의 한쪽 옆에서 인사를 하고 방석 위에 앉는다.
• 본인의 정면에서 서비스를 받는 것이 원칙이다.

② 젓가락 사용법

• 일본 요리에서는 젓가락 사용이 가장 중요한 매너이다.
• 젓가락으로 음식을 먹을 때 입이 보이지 않게 먹으며 한 손으로 받쳐 먹는다.
• 식사 중에는 젓가락을 상 한쪽에 걸쳐 놓고 식사가 끝나면 본 자리에 놓는다.
• 젓가락으로 그릇을 끄는 등의 행동이나 반찬을 젓가락으로 찔러 먹는 것은 실례이며, 이는 식사 중 젓가락으로 해서는 안 되는 예법이다.

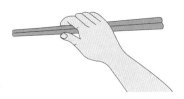

① 오른손으로 젓가락 가운데쯤을 거머쥔다.

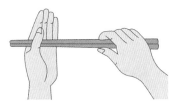

② 젓가락 끝을 조금 남기고 왼손으로 아래에서 받쳐 든다.

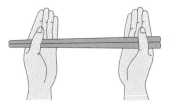

③ 나머지 쪽도 오른손을 밑으로 내려 받쳐 든다.

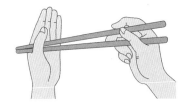

④ 오른손으로 바르게 젓가락을 쥔다.

[그림 2-33] 젓가락 쥐는 요령

③ 식사하기

- 주인은 손님에게 인사를 먼저 권하고 식사를 시작한다. 경사 때는 밥부터 먹고, 흉사 때는 국부터 마신다.
- 이미 상에 나온 음식에는 새로 간을 맞추지 않는다.
- 그릇은 두 손으로 받쳐 들고 뚜껑은 밥, 국 등의 차례로 여는데 식기가 상의 왼쪽에 놓여 있다면 뚜껑을 오른쪽, 그 반대라면 왼쪽에 둔다. 종지에 담긴 음식, 접시에 담긴 음식, 자기에 담긴 음식 순서로 먹는다.
- 밥을 먼저 먹을 때는 밥공기를 왼손 위에 들고 밥 한 젓가락을 먹은 다음 밥공기를 상 위에 놓고 국그릇을 들고 한 모금 마신다. 이때 젓가락은 국그릇 안에 넣어 가볍게 저은 후 적당히 세워서 들고 먹는다. 국을 먹을 때에는 두 손으로 들고 마신다.
- 국물을 먼저 마시고 젓가락으로 국건더기를 건져 먹은 후 국그릇을 상 위에 놓는다.
- 밥을 한 젓가락 먹고 난 후에는 자기가 원하는 반찬을 먹는다.
- 생선회는 신선함을 잃어버리지 않도록 간장이나 와사비를 너무 많이 묻히지 않도록 하고, 간장과 와사비를 섞지 않으며 왼쪽의 앞쪽부터 먹는다.
- 생선회에 젓가락을 사용할 때는 자기 앞쪽부터 집는다. 나란히 놓여 있는 요리(생선회, 초밥)는 왼쪽의 앞쪽부터 먹고, 초밥일 경우 밥에 간장을 찍어 먹지 않고 붓이나 용기로 발라서 먹는다.
- 맛이 담백한 것에서부터 농후한 것의 순서로 먹으면 맛있게 먹을 수 있다.
- 구이의 뼈는 떼어내기 쉽게 제공되고 있으므로 뼈가 붙은 채로 먹지 않는다.
- 작은 크기의 그릇에 담긴 조림은 들고 먹어도 상관없다. 생선을 먹을 때에는 뒤집어 먹지 않고 '가이시(懷紙 : 회지)'라는 종이에 가시를 발라 싸서 버린다.

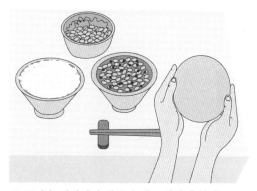

① 왼손으로 그릇을 잡고 오른손으로 뚜껑을 연다.

② 뚜껑을 뒤집어서 안쪽이 위로 향하게 하여 왼손으로 받쳐 식탁 위 국그릇 옆에 놓는다.

[그림 2-34] 일식에서 뚜껑 여는 방법

- 건배는 한 번만 하고 끝내는 것이 보통이고, 술잔이나 맥주잔은 손에 쥐고 술을 받는다. 술을 못 마셔도 '건배'의 첫 잔은 받아서 축배한 다음 입에 가져가는 것이 좋다.
- 숟가락 없이 젓가락으로만 먹는다. 식기를 놓는 소리, 국물을 마시는 소리 또는 음식 씹는 소리를 내지 않는다. 국물이 떨어질 염려가 있거나 먼 자리에 있는 것은 접시를 자기 앞으로 가져와서 개인 접시에 덜어 먹어야 한다.
- 식사가 끝나면 그릇의 뚜껑을 덮어서 놓는다.

4. 베트남

(1) 베트남의 식문화

베트남은 50여 소수 민족으로 구성되어 있어 지역별 음식을 설명하기가 쉽지 않다. 대체로 남부, 중부, 북부의 세 지역으로 나뉘는데 북부는 짜면서 맵게, 남부는 약간 달게, 중부는 맵게 맛을 낸다. 중국, 인도, 프랑스의 영향을 받아 아시아와 유럽의 음식이 조화를 이루며 전통적인 베트남 음식이 발달하였고, 중국의 영향으로 중국 냄비를 이용하여 볶거나 튀긴 요리가 많지만 중국 음식보다 기름은 적게 쓴다. 태국의 음식과 비슷하지만 태국보다 신맛, 단맛, 매운맛이 대체적으로 약하며 쌀국수, 닭고기, 채소를 음식 재료로 사용하고, 기본 조미료로는 라임즙, 고추, 향미 채소가 있다.

 대표 음식 러우데(lau de : 염소 전골), 퍼(pho : 쌀국수), 고이꾸언(goi cuon : 쌈 요리), 짜조(cha gio : 튀김 만두), 짜오톰(chao tom : 새우살 숯불꼬치), 고이센(goi sen : 샐러드), 깐(canh : 국), 싸오(xao : 볶음 요리), 쩨(che : 베트남 후식의 한 종류)가 있다.

과일은 다른 동남아시아 국가에서 볼 수 있는 바나나, 파인애플, 코코넛, 망고, 용안이라고 하는 롱간(long gan), 두리안, 람부탄, 파파야 등은 물론이고, 베트남에서 접하게 되는 독특한 과일들이 있다. 특히 용과라고도 하는 탄롱(thanh long)은 선인장 열매로 껍질은 붉은색인데 속은 흰 바탕에 검은 씨가 깨알같이 박혀 있으며, 속살은 연하고 맛은 달지도, 새콤하지도 않다.

(2) 베트남 음식 문화의 일반적인 특징

① 주식과 부식으로 구성되어 있고, 쌀을 주식으로 하여 한 상에 차려 먹으며, 긴 중국 젓가락을 사용한다. 생선, 닭고기, 채소가 주재료이며, 식물성 기름을 주로 이용하여 맛이 순하고, 특유한 향을 지닌 향미 채소인 고수를 생것으로 여러 음식과 함께 사용하여 맛이 담백하고 산

뜻하다.

② 일명 피시소스(fish sauce)라고 불리는 '느억맘(nuoc mam : 생선 간장)'은 생선을 소금에 절여서 발효시켜 만든 장의 일종으로 베트남의 중요한 조미료이다. '라이스페이퍼(rice paper)'라는 이름으로 알려진 반짱(banh trang)은 빻은 쌀가루로 만든 고전적인 시트 식품으로 건조한 것은 보존성도 높고 크레이프처럼 무엇이든지 쌀 수 있어서 그대로 튀겨서 먹는 등 다양하게 즐긴다.

③ 음식에 코코넛밀크를 거의 사용하지 않으며, 태국 음식보다 자극적인 향신료를 적게 사용하여 덜 맵다.

[그림 2-35] 베트남 길거리 음식

(3) 상차림

① 쌀로 가루를 내어 국수, 전병, 케이크 등을 자주 만들어 먹는데 특히 녹두를 밥에 섞거나 죽을 만들어 먹는 것이 특징이다.

② 쇠고기, 돼지고기, 닭고기, 새우, 생선, 오징어 등이 요리에 많이 쓰이고, 조리법은 대체적으로 튀기거나 볶는 등 비교적 간단한 편이다.

③ 일상적인 반찬으로는 숙주, 죽순, 부추, 가지 등을 볶거나 튀긴 음식이 많고 두부와 유부도 자주 먹는다.

④ 테이블 세팅의 기본은 개인 접시인 작은 질그릇과 숟가락, 젓가락으로, 젓가락 위에 질그릇을 엎어 놓고 숟가락도 반드시 엎어 놓아야 한다.

(4) 식사 예절

① 밥은 개인 그릇에 퍼 담은 후 밥그릇을 입가에 대고 젓가락으로 밥을 입 안으로 밀어넣는다. 밥그릇은 항상 손바닥 위에 올려놓는다.

② 젓가락은 육류, 생선, 채소 등을 먹을 때도 사용하지만 숟가락은 국을 먹을 때만 사용한다.

③ 국물이 있는 음식은 들이마시지 않고 숟가락으로 떠 먹는다.

④ 음식은 빨리 먹지 않으며, 먹을 때 소리를 내지 않는다.

⑤ 입술을 오므리고 음식을 씹으며, 음식이 입 안에 있을 때는 말하지 않는다.

⑥ 친절의 표시로 자신이 먹던 젓가락으로 음식을 집어 상대방의 밥그릇 위에 얹어 주는 경우가 있다.

⑦ 식사 도중 식탁 위에 숟가락을 놓을 때는 반드시 엎어 둔다.

⑧ 밥을 다 먹은 후에는 젓가락을 밥그릇 위에 가지런히 얹어 놓는다. 밥그릇에 밥이 있을 때 젓가락을 밥에 꽂아 두는 것을 매우 불쾌하게 여긴다.

⑨ 찬물은 거의 마시지 않고 뜨거운 차를 마시기 좋아하며, 차는 한번에 마시지 않고 조금씩 음미하면서 마셔야 한다.

5. 태 국

(1) 태국의 식문화

프랑스, 중국 음식과 더불어 세계의 대표적인 맛있는 음식으로 꼽히며, 중국, 인도, 포르투갈의 영향을 받아 독특한 음식 문화가 발달하였다.

태국은 중국 남부에서 이주해 온 중국인들이 많기 때문에 중국 냄비를 사용하고, 음식을 젓가락으로 먹는다. 인도와 같이 향신료를 많이 쓰며, 포르투갈에서 들어온 칠리가 주재료로 정착하였다. 육류는 잘라서 팔지만 매달 4일에는 쇠고기와 돼지고기를 시장에서 팔지 않으며, 식용이 되는 닭, 생선, 조류, 개구리 등을 음식 재료로 쓴다.

태국을 대표하는 조미료 '남플라(nam pla)'는 생선을 소금에 절여서 발효시켜 만든 일종의 장으로 이는 다양한 향미 채소, 향신료와 조화되어 태국 요리 문화를 형성하였다. 그 외에 '가피(gapi)'라 불리는 새우장과 코코야자 열매로 만든 코코넛밀크를 사용한다.

(2) 태국 음식 문화의 일반적인 특징

① 식사는 수식(쌀)과 부식(반찬)으로 구성되며 음식을 상에 한꺼번에 차려 먹는다.

② 단맛, 신맛과 톡 쏘는 매운맛의 복합적인 맛이 자극적이고 음식에 향기가 있으며, 시각적인 면을 중요하게 여긴다.

③ 음식 자체가 짜거나 맵지 않지만 양념이나 소스가 아주 맵거나 짜다. 생선·닭고기·채소가 주재료이며, 기름을 적게 사용한다.

④ 코코넛밀크와 남플라와 같은 조미료와 마늘, 생강, 가랑갈(galangal), 고수, 칠리가루, 레몬그라스, 라임, 박하 등의 향신료를 많이 사용한다.

(3) 상차림

① 하루 세 끼의 식사를 하며 저녁 식사에 비중을 둔다.

② 식사량은 비교적 적은 편이고 과일, 과자, 떡 등의 간식을 매우 즐긴다.

③ 아침으로는 구운 자반 생선과 장아찌 정도로 간단히 먹고 남은 밥이 있으면 볶아서 먹는다.

④ 저녁 정찬으로는 국 종류인 '깽(kaeng)'이 가장 특별한 음식이며 쌈장과 채소, 생선튀김이나 생선구이가 기본이고 볶음 요리, 깽, 달걀 음식, 후식 등을 먹는다.

⑤ 접시에 쌀밥과 반찬을 담아서 먹으며, 일상적인 식사는 밥과 소금에 절인 오리알이나 구운 생선 또는 신선한 채소로 구성된다.

⑥ 반찬은 주로 생선, 새우, 조개 등을 삶거나 찌거나 굽기만 하여 양념장에 찍어 먹는 소박한 음식이 많다.

(4) 식사 예절

① 준비한 음식을 반상 또는 대나무나 원목으로 만든 마룻바닥에 모두 차려 놓고 여럿이 둘러앉아 손으로 먹는 것이 전통적인 식사 예절이다.

② 식품 재료를 잘게 썰어 조리하기 때문에 식사 도구로 칼은 사용하지 않는다.

③ 국물이 있는 국수를 먹을 때에는 오른손에 젓가락을, 왼손에 작은 숟가락을 쥐고 오른손으로 잡은 젓가락으로 면을 집어 숟가락 위에 올려 국물과 함께 먹는다.

④ 튀긴 국수는 포크와 숟가락을, 생선을 넣은 국수는 숟가락만 사용해서 먹는다.

⑤ 밥 종류는 접시에 담아 숟가락과 포크를 사용하거나 숟가락만 사용하여 먹는다.

⑥ 식사 전에는 반드시 물로 양손을 깨끗이 씻고, 음식이 뜨거울 때에는 나무 숟가락을 사용하기도 한다.

⑦ 반드시 오른손으로 식사를 하며, 물을 마실 때는 컵을 입에 대지 않고 물을 입 안에 부어 넣는다.

⑧ 식사 중에 이야기하는 것은 무례하다고 여기므로 식사가 끝나면 손을 씻고 양치한 후에 얘기를 시작한다.

6. 터 키

(1) 터키의 식문화

터키 요리는 프랑스 요리, 중국 요리와 함께 '세계 3대 요리'로 평가된다. 오스만 제국이 지배하는 영토 확장 기간 동안 세계 여러 나라의 음식 문화를 적극적으로 흡수하였다. 실크 로드의 주요 교역 도시를 포함하고 있어서 홍차를 마시는 습관, 신발을 벗는 습관, 바닥에 앉는 습관 등 아시아로부터의 문화적 영향을 받았다.

기마 유목민이었던 과거에는 그들의 재산인 양이나 염소를 평상시 결코 죽이지 않고 젖을 짜내서 버터, 치즈, 요구르트 등으로 만들어 이용하였고 똥은 연료로 사용하였으며, 그 외 가축으로부터 얻은 잉여 생산물은 도시로 옮겨 도시의 농민들과 교역하였다.

터키 음식은 채소, 쌀, 밀, 양고기, 견과류와 유제품, 올리브유나 버터유 등으로부터 나오는 농후하고 깊은 맛이 특징이다. 또한 소박하고 자극적인 소스나 향신료는 많이 쓰지 않으면서 재료가 가진 원래 맛을 살리는 편이다.

유럽 요리와 아시아 요리가 만나 독창적인 음식이 발달되어 있고, 중동 지방의 여러 가지 채소와 과일, 육류와 해산물로 만들어지며, 이런 다양한 요리에는 터키인들의 지혜가 담겨 있다.

신선한 요리 재료와 각 지방에 따른 독창적인 요리 방법과 다양하면서도 섬세한 각각의 향신료로 조리된 음식이 많다. 또한 구운 고기 요리인 케밥(kebap)은 축하 행사나 축제, 손님 방문 시의 특별한 음식으로 유명하다. 대표 음식으로는 도네르 케밥(doner kebap)과 시시 케밥(shishi kebap), 터키 전통 빵인 에크멕(ekmek)과 피데(pide)가 있다.

[그림 2-36] 터키 이스탄불에 있는 이슬람 사원

(2) 터키 음식 문화의 일반적인 특징

① 터키 음식은 대부분 맵기 때문에 후식으로 단 음식을 즐긴다.

② 터키인들은 쇠고기보다 양고기를 좋아하기 때문에 양고기가 쇠고기보다 비싸다.

③ 술과 돼지고기는 법에 따라 엄하게 금지되어 있어서 돼지고기는 절대로 먹지 않는다.

④ 터키 음식은 맵고 자극적인 향신료가 많이 들어가 우리 음식과 상당히 비슷한 편이다.

⑤ 쌀과 밀가루, 토마토, 호박, 고추, 양파 같은 채소를 많이 사용하고, 요리할 때 채소에 버터나 올리브유를 넣은 후 약한 불로 오래 익히므로 깊은 맛이 난다.

⑥ 수프, 볶음밥과 비슷한 필라우(pilau)를 즐겨 먹으며, 유제품이 풍부하여 많이 이용되고, 국토의 상당 부분이 바다에 접해 있으므로 생선을 이용한 요리가 발달되었다.

⑦ 프랑스 요리, 중국 요리에 뒤이어 세계의 진미로 꼽히는 터키 요리는 양젖과 양고기를 기본으로 하여 다양하고 독특한 맛과 분위기를 낸다.

[그림 2-37] 터키의 길거리 음식

(3) 상차림

① 고추나 토마토 등의 채소를 구워 반찬으로 먹을 정도로 구워 먹는 음식 문화가 발달하였다. 유목 생활을 하여 육류는 풍족하였지만 물이 풍족하지 않아 구워 먹는 것을 좋아했던 것으로 추측된다.

② 주식은 빵이다. 일반적으로 작은 바게트처럼 생긴 흰색의 '에크멕'이라고 부르는 빵에 꿀이나 잼을 발라 먹거나 멕시코의 토르티야(tortilla)처럼 납작하게 만든 밀가루 반죽에 채소와 고기 등 갖가지 재료를 올려 구운 빵인 피데를 먹는다. 후식으로는 과일이나 매우 단 과자, 케이크 등을 즐긴다.

③ 터키 일부에서는 쌀로 밥을 지어 먹기도 하며, 쌀과 빵, 마카로니 등은 언제나 구입할 수 있을 정도로 많고, 과일과 채소 등의 신선한 계절 식품도 풍부하고 가격도 싼 편이다.

④ 고춧가루도 많이 먹는데 한 번 기름에 볶았다가 사용하기 때문에 얼얼한 느낌은 없지만 톡 쏘는 맛이 특징이며 요리에 넣거나 먹기 직전에 뿌린다.

⑤ 터키인들이 가장 좋아하는 생선은 '함시(hamsi)'로 우리나라의 멸치와 비슷하나 크기가 조금 더 크고, 이것을 이용한 요리가 무려 40가지 정도나 된다. 가장 많이 먹는 방법은 튀김옷을 입혀 튀겨 먹는 것이다.

(4) 식사 예절

① 집에 초대되었을 때 집주인이 직접 재킷을 벗겨 주는 행동은 최고의 예우로 여겨진다.

② 집에서 가장이 앉는 자리에 손님을 앉히는 것 또한 최고의 예우이며, 집의 출구가 보이는 곳에 앉히는 것은 좋지 않은 의미이다.

③ 어른이 계시면 어른이 먼저 수저를 들게 한다.

④ 우리나라와 같이 국물이 있는 요리를 먹을 때 앞접시를 사용하지 않고 바로 숟가락으로 떠 먹는다.

⑤ 음식을 먹을 때 소리를 내지 않는다.

⑥ 후추나 고춧가루 등이 필요할 때에는 스스로 가져다 사용하고, 사용한 후에는 제자리에 가져다 놓는다.

⑦ 식사 시에는 주로 음식에 대한 이야기나 시, 노래, 나라 이야기를 하는 것이 좋다.

⑧ 식사를 마친 후에는 '잘 먹었습니다.' 하고 말한다.

⑨ 한 번 입을 댄 빵은 절대 남기지 않으며, 미리 뜯어 놓고 먹는 것은 좋지 않다.

⑩ 면을 먹을 때 소리를 내면 안 된다.

⑪ 식사 후에 차를 마실 때 그만 마시고 싶으면 직접 말하지 말고 찻숟가락을 찻잔 위에 가로로 눕혀 간접적으로 의사를 표시한다.

7. 인도

(1) 인도의 식문화

넓은 국토 면적과 대규모 인구로 인해 주요 언어만 해도 14개에 달하고, 힌두교 나라임과 동시에 이슬람교도가 세계에서 가장 많으며, 그 외에 기독교, 불교, 자이나교 등이 어우러져 있는 다양한 사회를 형성한다.

극소수의 최하층 천민과 기독교도 등은 쇠고기를 먹지만 대부분의 힌두교도들과 이슬람교도들은 종교적인 정서를 존중하여 쇠고기와 돼지고기를 기피한다. 도시의 여유 있는 계층에서는 육식도 보편화되어 있지만 인도 전통을 지키는 채식주의자들은 예전과 같이 엄격하게 채식을 하며 생활한다. 힌두교도는 대부분 채식주의자이고, 이슬람교도 · 시크교도 · 기독교도들은 비채식주의자이다. 힌두교 계율에 의한 더러움의 사상이 다양한 음식의 금기를 만들어 냈다. 식당 중에는 방이 채식주의자와 비채식주의자들을 위해 엄격히 구분되어 있거나 나누어져 있는 경우도 있다.

 대표 음식 쌀 요리인 필라우(pilau) · 비리야니(biryani) · 차왈(chawal), 빵 종류인 난(naan) · 차파티(chapati) · 파라타(paratha) · 푸리(puri), 카레(curry), 탄두리 치킨(tandoori chicken), 콩으로 만든 수프 달(daal), 유제품 종류인 요구르트 다히(dahi) · 액체 버터 기이(ghee), 인도식 만두인 사모사(samosa)가 유명하다.

(2) 인도 음식 문화의 일반적인 특징

① 종교적 또는 경제적 이유로 많은 인도인들은 곡물과 콩으로부터 단백질을 섭취하는데, 우유로 만든 다히와 버터를 요리에 많이 이용하므로 영양적으로 별문제가 없다.

② 콩류와 우유, 치즈, 요구르트 등의 유제품으로 단백질을 섭취하고, 육류로는 닭고기와 양고기를 주로 먹으며 생선을 먹기도 한다. 엄격한 채식주의자는 육류와 어류를 절대로 먹지 않으며 심지어는 달걀까지도 먹지 않는다.

③ 식사 습관은 종교나 지역에 따라서 큰 차이가 있으나 고추의 일종인 칠리(chili)와 강황 추출물인 터머릭(tumeric)이라는 빼놓을 수 없는 양념에 혼합 향신료인 마살라(masala)를 이용하고 있는 점이 공통점이다.

④ 주식에서 간식에 이르기까지 인도의 모든 음식에는 향신료를 사용한다. 생강, 계피, 정향 같은 향신료는 인도나 몰루카 제도가 원산지로 여기에서 중국, 페르시아와 그리스, 로마에 전해졌다가 십자군 원정 때 유럽에도 전해졌다.

⑤ 가열해서 만든 음식이 많으며, 장시간 은근하게 쪄서 향신료가 잘 스며들어 깊은 맛이 있다.

⑥ 국민의 약 30%가 엄격한 채식주의자이다.

⑦ 음식을 먹을 때 미각과 시각으로 느끼는 것 외에 손으로 음식의 감촉을 느끼며 요리의 맛을 즐긴다.

(3) 지역별 특징

① 북부 인도

- 빵이 주식이고, 채식주의자가 많다.
- 이슬람교도들이 많아 돼지고기를 이용하지 않고, 약하게 조미한 음식이 많으며, 진흙 화덕에서 구운 닭요리(탄두리 치킨)가 유명하다.
- 금속제 식기를 사용하며, 요구르트 다히와 액체 버터 기이를 많이 사용한다.

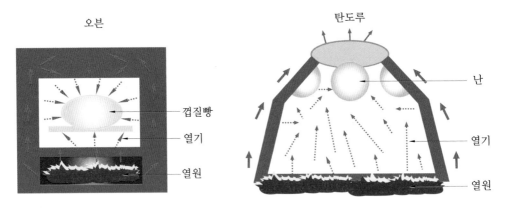

[그림 2-38] 가열 기구

② 남부 인도

- 쌀이 주식이고 코코넛기름, 코코넛밀크와 크림을 많이 사용하며, 튀긴 음식이 많다.

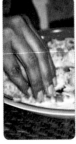

[그림 2-39] 인도의 식습관

- 바나나 잎을 식기로 사용하며 잎은 한 번 쓰고 버리므로 위생적이고, 일반적으로 방바닥에 앉아 먹는다.
- 힌두교도들이 많기 때문에 쇠고기를 잘 이용하지 않고, 칠리를 많이 사용하여 음식이 맵다.

(4) 상차림

① 모든 음식이 한꺼번에 개인별로 제공된다.

② 1인분씩 금속으로 만든 오목하고 작은 그릇에 음식을 한 가지씩 담아서 '탈리(thali)'라는 금속제의 큰 쟁반에 담아내거나 둥글고 큰 접시에 모두 담아낸다. '탈리'에는 난, 차파티, 달, 카레 2~3가지, 일종의 김치인 아차르(achar), 다히 등을 소복하게 담는다. 기차역의 식당, 기차 안, 일반 식당에서는 이러한 형식으로 식사를 제공하는 경우가 많다.

③ 일반적으로 오른손으로 음식을 먹으며, 외국인의 경우 숟가락을 가져다주는 곳도 있다. 음식을 먹을 때에는 오른손 집게손가락과 가운뎃손가락, 넷째 손가락을 붙여 숟가락처럼 만들어 음식을 섞어 뜬 다음 엄지손가락 손톱으로 밥을 입 안으로 밀어넣는다.

(5) 식사 예절

① 자기나 토기로 된 부엌 용구 및 식기는 한번 더러워지면 완전히 청결해지지 않으므로 깨어버린다.

② 포크와 숟가락도 다른 사람이 사용했을지도 모르기 때문에 꺼려하여 보통 손가락을 사용하여 먹는다.

③ 식사 시 낮은 의자를 사용하거나 바닥에 앉으며, 좌석 배치 시 오른쪽에 주인이 앉고 왼쪽으로 가면서 연령이 낮은 순서로 앉는다. 노인과 소년, 소녀는 조금 떨어져 앉는다.

④ 성인이 되면 남자와 여자는 함께 식사할 수 없고, 여자는 남자의 시중을 들어야 한다.

⑤ 식사 전에는 반드시 물로 양손을 깨끗이 씻으며, 음식이 뜨거울 경우에는 나무 숟가락을 사용하기도 한다.

⑥ 음식은 반드시 오른손으로 먹으며, 왼손은 사용하지 않는다(왼손은 볼일을 보고 닦는 데 사용). 하지만 빵 같은 것이 더 필요할 경우에는 음식을 먹는 오른손으로 집지 않고 왼손을 사용한다.

⑦ 각자 개인용 그릇에 담긴 것을 먹는데 개인용 그릇에 있던 것을 공용 그릇에 넣는다든가, 다른 사람의 그릇에 있는 음식을 집어먹는다든가, 음식을 먹던 손으로 다른 음식을 덜어 자신의 그릇에 넣는다든가 해서는 안 된다.

⑧ 손님이 방문하면 처음에는 물을 주고 간단한 스낵(snack : 간편식)을 대접한다. 스낵은 작은 숟

가락과 함께 개인용 그릇에 주는데, 그 숟가락으로 먹을 수 있는 만큼만 오른손에 옮겨 놓고 먹은 후 손을 털고 다시 숟가락으로 덜어 먹는다.

⑨ 카스트(caste)라는 신분 제도가 존재해서 신분이 같은 사람들끼리만 함께 식사를 하므로 신분이 다른 사람을 동시에 초청하는 것은 금물이고, 인도 고용인들과 함께 식사를 하는 것도 피하는 것이 좋다.

⑩ 힌두 사회에서는 흡연을 달가워하지 않으므로 가급적 흡연은 삼가고 손님에게도 권하지 않는 것이 예의이다.

⑪ 저녁 식사는 비교적 늦은 시간에 시작하는데, 초청 시간에 바로 식사를 시작하는 것이 아니라 먼저 식전주(aperitif)를 마시며 시간을 보낸 후 요리가 제공되므로 미리 요기를 하고 가는 것이 좋다.

서양의 식문화와 상차림

I. 서양의 식문화 역사

(1) 그리스(B.C. 2000~30년)

귀족이 주로 정치를 하였고, 남자 중심의 식생활이 주를 이루었다. 위엄 있는 식사 방법을 사용하였으며, 숟가락을 가장 먼저 사용하였다. '심포지엄(symposium)'을 즐겼으며, '클리네(kline)'라는 긴 의자에 앉아 식사를 하였고, 1인 독상이 기본이었다.

(2) 로마(B.C. 510~A.D. 476년)

'체나(cena)'라는 연회에서 시작되었으며, 식사용 침대인 트리클리늄(triclinium)에 쿠션을 놓고 누운 자세로 식사를 하였다. '로마식 향연'이라 불리는 화려한 식도락을 즐겼으며, 로마 귀족에 의한 조리 문화가 확립되었다. 3단계 식사로 전채, 메인 요리, 디저트 순서로 간단한 식사를 하였다.

상류층은 은제 숟가락, 고급 유리잔, 유리그릇을 사용하였고 냅킨을 지참하며 식사를 하였다. 서민 또한 빵, 돼지고기, 포도주로 넉넉한 식생활을 하였다. 이집트에서 오븐을 받아들여 빵과 돼지통구이를 만들어 먹었으며, 데친 고기 요리, 샐러드, 과일, 달걀 요리, 완두콩, 돼지고기를 푹 끓인 요리 등 거의 모든 조리법이 개발되었다.

(3) 중세(5~15세기 중엽)

로마 제국이 멸망하여 농업이 황폐해지고 이탈리아 식생활이 극빈하게 되었으며, 산지의 소규모 농업과 수도원에 의해 조리 문화를 유지해 나갔다. 삶거나 불에 굽는 조리법, 기본적인 채소, 치즈가 주가 되었고 빵을 미네스트로네(minestrone)와 비슷한 수프에 적셔 먹었다.

남녀가 같이 참여하는 연회가 발달하였으며, 입식이 시작되었다. 음식보다 식탁의 장식이나 잔치의 전개에 관심도가 높았으며 기상천외한 '일루전 푸드(illusion food)'가 예술의 경지였다. 트렌처(trencher)를 식기 대용으로 사용하였고, 식사와 공연을 함께 즐겼으며, 나이프는 각자 허리에 지참하였고 '네프(nef : 배처럼 생긴 양념 그릇)'는 권위와 위엄의 상징이었다.

[그림 2-40] 그리스　　　　　[그림 2-41] 로마　　　　　[그림 2-42] 중세

(4) 르네상스(14~16세기)

교역의 길목이었던 이탈리아에 부가 축적되어 많은 식자재와 향신료가 남용되었으며, 소스와 버터를 이용한 조리 문화를 이루었다. 3대 조미료로는 레몬, 포도 식초(wine vinegar), 올리브유가 많이 쓰였으며, 15세기에 설탕이 도입되어 마카롱, 케이크를 만들었고, 감자, 토마토, 옥수수도 도입되었다.

이탈리아를 중심으로 예술ㆍ문학 등 사회 전반에 걸쳐 일어난 르네상스의 영향을 받은 피렌체 메디치 가문의 '카테리나(후에 카트린느 드 메디치)'가 프랑스 국왕 앙리 2세와 결혼을 하면서 이탈리아 문화가 프랑스에 전해졌다. 프랑스에서는 앙리 3세 때부터 포크를 사용하기 시작하였으며, 뷔페와 같은 식사 형태가 나타났다.

(5) 바로크(16세기 말~18세기 중엽)

루이 14세가 공개 회식을 열었고 프랑스 서비스 방식이 도입되었다. 프랑스 서비스 방식은 한 번에 내는 형태로, 음식은 식탁 위에 좌우 대칭으로 정해진 자리에 늘어놓고, 개인용 접시는 식탁 위에 규칙적으로 배치하였다. 적은 인원이 즐길 수 있는 식사 형태로 현대와 비슷한 특징들을 가지고 있었다.

남성적인 성향으로 대담하고 엄격하며, '쉬르투(surtout)'라는 설탕으로 만든 장식품이 연회장 및 행사에 많이 사용되었다.

(6) 로코코(17세기~18세기)

가구가 지닌 구불구불한 형태를 장식으로 이용하였고 여성적이며 곡선적인 성향이었다. 식사 전용 방이 따로 생겼으며, 센터피스로서 꽃을 사용하기 시작하였다. 원탁형 식탁이 등장하였고 '세브르 자기(porcelaine de sèvres)'가 만들어졌으며, 커틀러리(cutlery)를 능숙하게 사용했던 시기로 테이블보는 자수로 호화롭고 섬세하게 만들었다.

[그림 2-43] 르네상스

[그림 2-44] 바로크

[그림 2-45] 로코코

(7) 아르누보(19세기 말~20세기 초)

기존의 전통적 예술을 거부하던 시대적 풍조를 배경으로 등장한 아르누보(art nouveau) 양식이 유행한 시기이다. 식물을 모티브로 하여 직선보다 유연한 곡선을 많이 사용하여 장식 가치를 강조하였으며, 자연 친화적이고 다양한 공예품을 만들었다. 1910년 이후로 기능성과 사회성을 중시하면서 아르누보는 소멸되었다.

(8) 아르데코(1920~1930년대)

1925년 파리에서 개최된 '현대 장식미술 · 산업미술 국제전(exposition des arts decoratifs)'의 약칭에서 유래되었으며, 아르누보와는 정반대로 화려한 색상에 기하학적 형태를 추구하였고, 직선과 조형미를 강조하였다.

(9) 현대

식탁의 서비스 방식이 다양하게 변모되었고, 경제적인 흐름에 맞춰 1980년대는 캐주얼한 뉴욕 스타일(Newyork style)과 깔끔하면서도 간소한 젠 스타일(Zen style)이 주류를 이루었다.

19세기에는 대량 생산된 식탁보에 대한 반대 욕구로 다시 고급 수공품 식탁보가 등장하였으며, 20세기는 합성섬유의 발전으로 식탁보의 자유로운 사용이 가능해졌다. 2000년대에는 슬로 푸드(slow food)의 영향을 받아 정찬용 테이블이 각광을 받게 되었으며, 중국이 경제대국으로 떠오르면서 중국의 향미가 느껴지는 음식, 원형 테이블, 음료 등도 인기를 얻었다.

현대의 3가지 특징은 최소주의(minimalism), 섞이는 것(hybrid), 건강·행복(wellbeing)이며 먹기 쉽게, 서비스하기 쉽게, 아름다움을 중시하고 다양함과 편리함 또한 추구한다.

[그림 2-46] 아르누보

[그림 2-47] 아르데코

[그림 2-48] 현대

2. 이탈리아

(1) 이탈리아의 식문화

이탈리아 요리는 '프랑스 요리의 모체'라고도 하며, 이탈리아는 지리적으로 북부의 알프스 산맥 지대와 반도의 등줄기를 이루는 아펜니노 산맥 그리고 이 두 산맥 사이의 롬바르디아 평원으로 나뉜다.

북부는 산과 지중해와 평원이 함께 있어 식재료가 풍부하고 목축업이 발달하여 낙농 제품이 많이 생산되어 치즈, 육가공품, 크림소스가 발달하였으며, 요리에 버터를 주로 쓴다. 남부는 밀가루를 이용한 파스타가 발달하였으며 올리브와 토마토의 생산량이 많아 요리에 다양하게 이용하였고 해산물이 풍부하여 이를 이용한 요리가 잘 발달되어 있다.

일반 가정에서나 식당, 레스토랑에서도 점심과 저녁 식사 시간이 정해져 있으며 대체적으로 점심시간은 12시~3시, 저녁시간은 7시~12시 정도이다. 두 손을 항상 식탁 위에 올려 두고 먹어야 하며 한 손을 내리고 먹는 것은 건방지다는 의미이다.

대표적인 음식으로는 파스타(pasta), 피자(pizza), 리소토(risotto)와 해산물 요리가 있다. 파스타는 면의 모양과 소스의 종류에 따라 이름이 달리 불린다.

 알덴테

파스타 요리를 맛있게 먹으려면 우선 면을 잘 삶아야 한다. 적절하게 삶아진 정도를 '알덴테(aldente)'라고 하는데 이는 먹을 때 씹히는 느낌이 좋다는 의미이다. 알덴테는 먹기 좋은 정도보다 조금 덜 삶는 정도인데 그래야 소스와 버무리는 동안 면이 좀 더 불어서 먹기에 적당하기 때문이다.

대표적인 이탈리아식 소스
- 볼로냐식 소스 : 고기와 양송이, 양파를 다져 넣고 볶다가 토마토를 넣어 만드는 소스로 우리나라에서 가장 흔히 먹는 소스이다.
- 카르보나라 소스 : 베이컨과 생크림을 이용하여 만든 흰색 소스로 지방이 많아 고소하다.
- 본골레 소스 : 나폴리식 소스로 '본골레(vongole)'란 이탈리아어로 '조개'를 뜻하는 만큼 조개와 마늘을 주재료로 쓰는 소스이다. 고기로 만들어진 소스보다 담백하다.
- 해산물 소스 : 홍합, 오징어, 새우 등을 주재료로 하나 경우에 따라 연어, 조개, 패주, 생선 등 해산물을 듬뿍, 그리고 토마토를 넣은 소스이다.
- 알리오 올리오 에 페페론치노 소스 : 마늘과 올리브유, 페페론치노 고추만을 사용하는 소스로 담백하고 우리나라 사람의 입맛에 잘 맞는다.

(2) 일반적인 특징

① 전 세계적으로 음식점의 수가 많기로는 중국과 이탈리아를 꼽을 정도이며, 두 나라의 음식은 동서양을 막론하고 사랑을 받아 왔다. 이탈리아인들을 창의력이 뛰어나고 곳곳에 특색 있는 디자인이 살아 있는 민족으로 음식에도 그들의 창의력과 예지가 깃들어 있다.

② 파스타는 이탈리아를 대표하는 음식으로 달걀을 넣은 밀가루 반죽으로 쫄깃한 질감이 매우 강하고 삶아 놓아도 잘 불지 않는다. 파스타 반죽은 국수 가닥처럼 가늘게 뽑아내거나, 납작하게 하여 끈처럼 만든 것, 가운데가 비어 있는 것 등 다양한 모양으로 이용하였다. 파스타는 소스와 함께 먹는 것이므로 대부분 소스가 잘 묻는 짧은 파스타를 선호한다. 모양도 여러 가지이지만 반죽에 가지각색의 채소나 재료를 넣어 색을 내는 경우도 있다.

③ 북부 일부를 제외하고는 긴 국토가 바다에 닿아 있어 해산물을 이용한 요리가 잘 발달되어 있다. 특히 오징어, 새우, 각종 조개류, 패주 등을 다양하게 이용하고 튀김옷을 입혀 즉석에서 기름에 튀겨 먹기도 한다.

(3) 지역적 음식의 특징

이탈리아 요리의 특징은 각 지방색에 있다고 볼 수 있다. 대표적인 지방의 음식 문화 특징은 다음과 같다.

① 피렌체

이탈리아 중부 토스카나 지방의 중심 도시로 오랜 역사를 가진 도시이며 이탈리아에서도 손꼽히는 미식의 도시이다. 음식은 담백하며 올리브유가 기본을 이룬다. 버터와 파르마산 치즈가 곁들여진 시금치 파스타가 유명하며, 키안티(chianti)는 이 지역에서 많이 생산되는 포도주이나 독특한 병 모양으로 알려진 대표적인 이탈리아 포도주이다.

② 나폴리

남부 이탈리아의 수도격인 나폴리는 연중 따뜻하여 오렌지, 올리브, 토마토 등 과실이 많이 나고, 올리브유와 마늘을 많이 이용한다. 이곳은 피자와 파스타의 원조 고장인데 피자는 도우가 얇고 토마토와 치즈, 약간의 바질만을 이용하여 토핑이 매우 간단하고 맛이 담백하다. 특히 해물로 만든 요리가 발달되어 있다.

③ 시칠리아

지중해상의 최대 섬으로 해안을 따라 참치나 정어리 같은 풍부한 해산물을 원료로 하여 만든 요리와 돼지고기, 어린 염소와 양고기 요리가 발달하였다.

④ 베니스

물의 도시인 만큼 생선과 갑각류를 이용한 요리가 많다. 마늘과 양파, 허브 등의 향신료를 많이 쓴다.

⑤ 밀라노

낙농이 발달하여 버터와 생크림, 치즈가 많이 생산된다. 벼농사가 성하여 쌀로 만든 음식이 많으며, 볶음밥과 비슷한 리소토나 쌀이 들어간 수프인 미네스트로네 등이 유명하다.

(4) 식생활

이탈리아인들은 기본적으로 하루에 식사를 다섯 번 한다.

① 아침 식사 : 콜라치오네(colazione)

진한 에스프레소 커피 한 잔 정도를 마시거나 크루아상(croissant)이나 브리오슈(brioche) 같은 빵 한 조각을 곁들인다.

② 스푼티노(spuntino)

오전 11시 전후에 간단하게 빵과 커피를 먹는다.

③ 점심 식사 : 프란초(pranzo)

대부분의 상점이 1시부터 4시 정도까지 시에스타(siesta : 낮잠 자는 시간)로 문을 닫기 때문에 집에서 느긋하게 점심을 즐기는 경우가 많다. 바쁠 때는 간단히 때우기도 한다.

④ 메렌다(merenda)

오후 5시 정도에 밖에 나가 피자를 먹거나 집에서 구운 케이크와 커피를 마신다.

⑤ 저녁 식사 : 체나(cena)

보통 8시 반 전후에 먹으며 온 가족이 다 함께 식사하는 것을 중요하게 생각한다. 다 같이 모여 정찬을 즐기는 경우가 많다.

(5) 식사 코스

① 안티파스토(antipasto)

계절의 특산품을 사용하여 만든 전채 요리로 잘 익은 멜론에 햄을 곁들이는 것이 대표적이고 수프를 먹기 전에 나온다.

② 추파(zuppa)

수프가 나온다.

③ 프리모 피아토(primo piatto)

주요리 전에 나오는 요리로 파스타 요리나 리소토 같은 쌀 요리가 주로 나온다.

④ 세콘도 피아토(secondo piatto)

주요리로 생선이나 육류, 해물 요리가 나온다.

⑤ 콘토로노(contorono)

세콘도 피아토에 곁들여 나오는 채소 요리로 샐러드나 더운 채소 등이 주로 나온다.

⑥ 포르마지오(fromaggio)

다양한 치즈들이 나온다.

⑦ 돌체(dolce)

식사 후 먹는 후식으로 케이크나 크레이프, 아이스크림 등이 나온다.

⑧ 카페(caffe)

주로 에스프레소 커피가 나온다.

(6) 식사 예절

유럽인들의 음식 문화는 서로가 서로에게 영향을 주어 왔으므로 비슷한 점이 많다. 여기서 이탈리아인들의 식사 예절이 동양의 것과 다른 점이 있다.

① 모든 요리는 포크와 나이프를 사용하여 먹지만 감자튀김이나 뼈를 빼지 않은 고기, 빵 등은 손으로 먹기 때문에 손의 청결에 주의해야 한다. 식사 도중 손을 식탁 밑으로 내리지 않는 이유 중 하나도 청결한 손을 유지하고 있다는 것을 보여 주기 위함일 것이다. 그렇다고 팔꿈치를 식탁에 대고 있는 것도 실례이다.

② 음식은 대개 공동의 큰 접시에 담겨져 나와 각 사람들이 돌아가면서 덜어 먹게 되는데 이때 맛있는 부위나 고기의 살이 많은 부위를 찾느라고 뒤적거리는 것은 예의에 어긋난다.

③ 이탈리아인들의 식탁 위에는 기본적으로 기름과 소금이 놓여 있다. 미국에서는 이것을 가까이 있는 사람에게 달라고 하여 건네받는 것이 예의지만 이탈리아 사람들은 그렇게 하는 것을 좋아하지 않는다. 그러므로 대부분 본인이 직접 가서 집어다 사용한다.

④ 샐러드는 반드시 각자의 접시에 덜어서 드레싱을 넣어 먹는데 이것은 각자의 취향을 존중해 주기 때문이다. 간단한 식사에서는 드레싱이 따로 나오지 않는 경우도 종종 있다. 이때는 식탁 위에 놓여 있는 올리브와 식초, 소금, 후추 등을 자기 입맛에 맞게 넣어 먹으면 된다.

⑤ 식탁이나 식탁을 떠나서도 트림을 하는 것은 예의에 크게 어긋나므로 삼가야 한다. 그러나 코를 푸는 것은 그렇게 수치스럽게 느끼지 않는다.

3. 프랑스

(1) 프랑스의 식문화

프랑스는 유럽의 다른 나라들보다 외국의 문물을 쉽게 수용하였으며, 16~17세기의 경제적 부흥기에 늘어난 프랑스 식민지들로부터 많은 식품과 음식의 조리법을 도입하였다.

전 국토의 2/3 이상이 완만한 평야와 낮은 구릉 지대로 되어 있어 농업이 성하고, 국토 중 3면이 대서양과 지중해에 면해 있어 해산물의 이용이 원활하며 국토 중에 목초지가 많아 목축업이 성하다. 국토가 넓어 기후도 다양하게 나타나고 기온의 변화가 적은 편이다. 이렇게 농산물, 축산물, 수산물 모두가 풍부하므로 식재료를 다양하게 사용하면서 음식 문화가 크게 발달하였다.

대표 음식으로 프랑스 3대 요리인 달팽이 요리 에스카르고(escargot), 거위 간으로 만든 푸아그라(foie gras), 철갑상어알을 소금에 절인 캐비아(caviar)가 있고, 그 외에도 개구리 뒷다리 요리 그레뉴

이에(grenouille), 토끼 요리, 송로버섯 요리 트러플(truffle), 석화(굴) 요리, 치즈를 이용한 요리, 샐러드 등 많은 요리가 알려져 있다.

프랑스 요리에는 포도주와 빵, 치즈를 곁들이는데, 포도주는 적포도주(red wine), 분홍빛이 나는 로제 포도주(rose wine), 백포도주(white wine), 발포성 포도주(sparkling wine)로 나뉜다.

프랑스 음식을 이야기하면 빵에 대해 빼놓을 수 없다. 프랑스인들의 주식과 다름없는 바게트(baguette), 요리와 함께 즐겨 먹는 시골빵(pain de campagne) 그리고 크루아상, 브리오슈가 있다. 그리고 고급 과자로 마카롱(macaron)이 유명하다.

프랑스 치즈는 400여 종 이상이다. 지역마다 출하되는 치즈가 다르고 각 집에서 만드는 치즈의 맛이 다 다를 수 있으므로 이러한 것들까지 합하면 약 800여 종의 치즈가 있다. 프랑스인들은 가공된 연성 치즈를 좋아하지 않아 주로 생치즈를 먹는데 치즈의 맛을 아는 사람일수록 독한 향을 가진 치즈를 선호한다. 대표적인 치즈 종류로는 카망베르(camembert), 로크포르(roquefort), 브리(brie), 염소 치즈(goat cheese) 등이 있다.

[그림 2-49] 치즈

[그림 2-50] 마카롱

(2) 일반적인 특징

① 프랑스인들의 아침 식사는 간단하여, 갓 구워 낸 반달 모양의 크루아상 한두 개와 카페오레를 먹거나 바게트나 토스트에 버터나 잼을 발라 먹는다.

② 프랑스인들은 식사 시간을 아주 중요하게 여기는 사람들로서 공식적인 점심 식사 시간은 12시부터 2시까지로 두 시간이다. 대화하고 토론하는 문화가 식탁에서도 그대로 이어지고 있는 것이다.

③ 프랑스인들의 저녁 식사는 두 시간에서 네 시간에 걸쳐 진행되며 푸짐하고 많은 코스를 즐긴다. 먹고 마시면서 계속 대화를 나누기 때문에 저녁 식사가 이렇게 길어지는 것이다.

④ 프랑스 요리에서 가장 어렵고 공이 많이 들면서 음식 맛의 기본을 이루는 마리네이드(mari-nade)는 주재료인 육류나 어류에 향신료 등 여러 가지 재료를 어우러지게 넣고 푹 고아 낸 육수(stock)를 기본으로 하여 만든다.

⑤ 프랑스 요리는 맛은 물론 시각적 효과도 중시하고, 다른 나라의 문화를 수용하면서 음식 문화가 발달되었다. 프랑스 음식 맛의 비결은 소스에 있다.

(3) 상차림

① 우아한 스타일로 격조 높고 세련되며 달콤한 스타일이다.

② 테이블클로스로 리넨이나 다마스크를 사용하여 식탁 전체를 덮는다.

③ 그릇은 디너 접시를 중심으로 삼각형으로 놓으며, 빵 접시(빵 접시나 버터나이프는 근래에 와서 세팅되기 시작하였다)가 없는 경우가 많다.

④ 커틀러리나 잔은 곡선으로 디자인된 것을 사용하고, 나이프와 포크는 제일 먼저 서비스되는 접시의 요리에 필요한 만큼만 놓고 다음 요리를 운반할 때마다 접시와 함께 서비스하는 것이 특징이다.

⑤ 프랑스식은 영국식과 달리 포크와 스푼의 볼록한 곳이 위를 향하게 엎어 놓는데, 이것은 볼록한 면에 조각되어 있는 가문의 문장이나 표식 등을 초대한 사람들에게 보여 주기 위함이다.

1. 버터나이프
2. 전채용 포크
3. 생선용 포크
4. 육류용 포크
5. 물잔
6. 적포도주잔
7. 백포도주잔
8. 샴페인잔 또는 셰리잔
9. 후식용 포크와 숟가락
10. 육류용 나이프
11. 생선용 나이프
12. 수프용 숟가락
13. 전채용 나이프
14. 서비스 접시

[그림 2-51] 프랑스의 테이블 세팅

⑥ 잔은 일직선이 아니라 지그재그(역삼각형)로 배치하여 식탁 위의 공간을 절약하는 것이 특징이다. 주로 코팅이 되지 않은 가벼운 느낌의 크리스털잔을 사용한다.

⑦ 과일이 나올 경우는 손가락을 씻을 수 있게 핑거볼에 레몬을 띄워서 왼쪽에서 낸다.

⑧ 수프를 먹을 때에는 영국식과 달리 자기 쪽으로 스푼을 뜨고, 조금 남았을 경우에도 접시를 자기 쪽으로 기울이며 떠 먹는다.

⑨ 밝은 파스텔 계열의 색을 많이 사용한다.

(4) 식사 예절

① 주인이 먼저 자리에 앉은 후 손님이 자리에 앉는다.

② 남자 주인과 여자 주인은 항상 마주 앉으며 남자 주인의 오른쪽에 남자 주빈, 여자 주인의 오른쪽에 여자 주빈이 앉도록 한다.

③ 의자 등받이에 기대지 않는다.

④ 요리가 나오기 시작할 때 냅킨을 편다.

⑤ 주인이 먼저 식사를 시작한 후에 손님이 식사를 한다.

⑥ 포크와 나이프는 바깥쪽 것부터 사용한다.

⑦ 수프를 소리 내서 먹지 않는다.

⑧ 빵은 손으로 떼서 버터를 발라 먹는다.

⑨ 생선 요리는 뒤집어 먹지 않는다.

⑩ 식사가 끝난 후에는 포크는 위로 향하게 하고 나이프는 칼날이 안쪽으로 향하게 해서 오른쪽에 둔다.

[그림 2-52] 프랑스의 좌석 배치

4. 영국

(1) 영국의 식문화

영국은 유럽 대륙 서북쪽, 대서양상에 있는 섬나라로 그레이트브리튼 섬(잉글랜드, 스코틀랜드, 웨일스)과 북아일랜드 섬(북아일랜드)으로 되어 있다. 남동쪽의 평원과 구릉이 연속된 지대를 차지하고 있는 잉글랜드는 국토의 가장 좋은 부분을 차지하고 있으며, 수도인 런던을 비롯하여 대도시가 집중되어 있다.

영국의 위도는 비교적 높고 기후는 온난다습하다. 겨울 날씨가 춥지는 않지만 비가 오는 날이 많고 바람이 적은 날에는 안개가 많이 낀다.

남부에서는 목축업이 성하였는데 양고기가 육류의 급원이 되었고, 그 외에 돼지고기와 가금류를 소시지나 베이컨의 형태로 만들어 많이 섭취하였다. 섬나라여서 생선 요리와 생선의 가공 저장술도 발달하였다.

(2) 일반적인 특징

① 영국은 하루 중 아침과 오후의 티타임을 매우 중요시하는 나라로 영국식 아침 식사는 과일주스, 시리얼, 베이컨, 달걀, 소시지, 훈제 청어, 토마토 등 매우 푸짐하다. 여기서 잉글리시 브렉퍼스트(English breakfast)라는 말이 유래되었다.

② 영국은 차 문화가 발달되어 있기 때문에 굳이 점심을 먹지 않고 3시쯤에 스콘(scone)이나 와플(waffle)로 티타임을 가진다. 티타임을 가지고 난 후 8시쯤에 저녁을 화려하게 차려 풀코스로 먹는다.

③ 목축업이 성하여 그에 따른 각종 제품 역시 발달되어 있고, 유제품과 달걀은 영국인의 아침 상에 빼놓을 수 없는 식품이며 크림의 종류도 많다. 차와 함께 베이킹파우더를 사용하여 만든 비스킷 종류인 스콘에 지방이 많은 데번셔 크림(devonshire cream)이나 약간 발효된 크림 또는 농후 크림 등을 발라 먹는다.

④ 달고 맛있는 과일은 생산이 별로 되지 않지만 감자 농사가 발달하여 스튜와 파이, 팬케이크, 튀김, 으깬 감자 등 다양하게 이용된다. 감자와 생선 요리를 많이 먹으며, 일반적으로 차와 맥주, 위스키를 음료로 많이 마신다.

⑤ 자연스러움을 강조하는 조리 방식으로 음식 자체의 맛과 향을 중요시하고 향신료를 많이 쓰지 않는다. 커피보다 차를 즐기는 문화이다.

(3) 상차림

① 프랑스의 식문화를 그대로 받아들여 보수적, 권위적이며 전통적인 스타일로 식기류는 금색 장식이 된 것을 사용한다.
전반적인 색상을 화려하게 하고 테이블클로스는 같은 소재와 같은 색을 사용하며 조금만 늘어뜨린다.

② 영국식은 일반적인 테이블클로스를 사용하지 않고 식탁의 마호가니 목재를 살리기 위해 오건디(organdy)나 레이스 소재의 테이블매트를 많이 사용한다.

③ 식기와 커틀러리를 일직선으로 일렬 또는 좌우 대칭으로 배치하여 변화를 줄 수 없다.

④ 포크, 나이프는 파인 곳을 위로 향하게 하여 세팅한다.

⑤ 수프를 먹거나 수프가 조금 남은 경우 접시를 상대방 쪽으로 기울여서 먹는다.

⑥ 빵 접시는 정식에서 사용되며 버터나이프는 날이 빵이 있는 쪽으로 향하게 하여 세팅한다.

1. 버터나이프
2. 전채용 포크
3. 생선용 포크
4. 육류용 포크
5. 디저트용 포크
6. 샴페인잔
7. 적포도주잔
8. 물잔
9. 백포도주잔
10. 디저트용 나이프
11. 디저트용 숟가락
12. 육류용 나이프
13. 생선용 나이프
14. 수프용 숟가락
15. 전채용 나이프
16. 서비스 접시

[그림 2-53] 영국의 만찬용 테이블 세팅

⑦ 정면 접시에는 냅킨을 올려놓고, 왼쪽에는 포크, 오른쪽에는 스푼과 나이프류를 놓는데 칼
날은 안쪽을 향하도록 하며, 바깥쪽부터 순서대로 사용한다.

⑧ 백포도주잔과 적포도주잔, 샴페인잔, 물잔을 두며 잔에는 무늬가 들어간다. 샴페인잔을 놓
지 않거나 포도주잔은 한 가지만 놓는 경우가 많은데 상황에 따라 필요한 것만 골라서 놓아
도 무방하다.

(4) 식사 예절

① 주인이 먼저 식사를 시작한 후에 손님이 식사를 한다.

② 남자 주인과 여자 주인은 항상 마주 앉으며 남자 주인의 오른쪽에 남자 주빈, 여자 주인의 오
른쪽에 여자 주빈이 앉도록 한다.

③ 빵을 손으로 떼어 낸 후에 버터를 발라 먹는다.

④ 입을 벌려서 씹지 않는다.

⑤ 접시 위로 손을 뻗지 말고 다른 사람에게 부탁한다.

⑥ 빵 이외에 손으로 음식을 집지 않는다.

⑦ 식사를 마치면 포크와 나이프를 함께 접시에 올려 둔다.

⑧ 입으로 나이프를 핥지 않는다.

⑨ 팔꿈치를 식탁 위에 올려 두지 않는다.

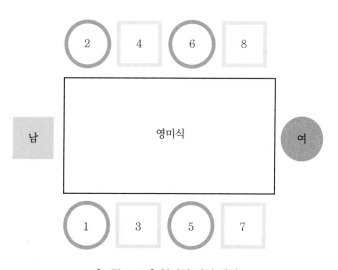

[그림 2-54] 영미의 좌석 배치

5. 미국

(1) 미국의 식문화

미국은 세계에서 영향력이 가장 큰 국가로 국토의 면적은 한반도의 약 44.5배에 해당된다. 기후는 서경 100도 부근을 경계로 하여 습윤한 동부와 건조한 서부로 크게 나뉘며 북동부는 대륙성 기후, 남동부는 온대 및 아열대 기후, 캘리포니아 지역은 지중해성 기후 및 사막 기후이다.

개척 초기 미국의 음식 문화는 원래 이곳에 바탕을 두었던 원주민과 스페인, 프랑스의 영향을 받았다. 그 후 세계의 강자로 부상한 영국의 음식 문화가 미국 음식의 기초가 되었으며, 여기에 세계 각국에서 미국으로 이민 온 여러 민족의 음식 문화가 혼합되었다.

식량 자원이 풍부하고 식품의 생산, 가공, 유통의 발달로 식생활은 매우 풍요롭지만 특징적인 음식은 많지 않다. 유럽과 달리 간편한 식사를 지향하여 아침과 점심은 가볍게 먹고 저녁에 비중을 두는 실용성 위주의 식사를 주로 한다. 대중적인 저녁 식사는 비프스테이크(beef steak)이며 해물 요리도 자주 이용한다.

미국의 대표 음식으로 스테이크, 햄버거, 핫도그, 샌드위치, 켄터키 치킨, 통조림, 콜라를 꼽는데, 이들은 지금 전 세계적인 음식이 되었다.

(2) 일반적인 특징

① 육류를 다량 섭취하고 빵, 감자, 옥수수 등을 곁들여 먹기 때문에 동물성 지방의 섭취가 많아 심혈관 질환으로 고생하는 사람과 단맛이 강한 후식과 음료를 좋아하여 극도 비만인 사람이 급속히 증가하고 있어 국가적으로 식생활 개선에 신경을 쓰고 있다.

② 식재료가 다양하지 않고 강한 향신료를 사용하지 않아 맛이 담백하고 꾸밈이 없으며, 음식은 미리 양념하지 않고 조리한 뒤 소스를 얹어서 먹는다.

③ 오븐을 사용하는 조리를 많이 하고, 다민족 국가이기 때문에 거의 전 세계의 음식이 한 곳에 모여 있으며, 여러 음식 문화가 혼합된 퓨전 음식이 많다.

④ 일에 중점을 두고 식생활에 소비되는 비용과 시간, 노력을 절약하며 생활하기 때문에 즉석식품이나 냉동식품, 반조리식품, 일품요리, 통조림 같은 간편한 식사를 지향하고 실용성을 중요시한다.

⑤ 최근에는 능률과 건강을 고려한 동양의 식생활에 관심을 두고 저열량, 저염, 저콜레스테롤 식품을 섭취하기 위해 쌀, 두부, 채소 등의 섭취를 늘려 건강식을 먹으려고 노력한다.

(3) 상차림

1. 샐러드용 포크
2. 생선용 포크
3. 육류용 포크
4. 물잔
5. 디저트용 음료잔

6. 적포도주잔
7. 백포도주잔
8. 셰리잔
9. 육류용 나이프
10. 생선용 나이프

11. 수프용 숟가락
12. 시푸드(칵테일)용 포크
13. 서비스 접시

[그림 2-55] 미국의 테이블 세팅

(4) 식사 예절

① 남자 주인과 여자 주인은 항상 마주 앉으며 남자 주인의 오른쪽에 남자 주빈, 여자 주인의 오른쪽에 여자 주빈이 앉도록 한다.

② 입을 음식으로 가져가 먹지 않고 커틀러리를 입으로 가져가 먹는다.

③ 입에 음식이 든 채 먹지 않는다.

④ 식사 중에 머리에 손을 대지 않는다.

⑤ 다리를 꼬고 앉지 않는다.

⑥ 식탁 위에 팔꿈치를 올려 두지 않는다.

⑦ 일어나서 멀리 있는 음식을 집어서는 안 된다.

⑧ 포크와 나이프를 동시에 들고 먹지 않는다.

⑨ 뜨거운 음식을 불어 먹지 않는다.

⑩ 음식을 비비거나 섞어 먹지 않는다.

6. 서양의 식사 예법

(1) 방문 시간

15분 정도 늦게 도착하는 것이 좋다. 예를 들어 프랑스의 경우에는 빨리 도착하는 것을 오히려 실례라고 생각한다.

(2) 자리에 앉을 때

① 초대한 사람이 안내해 주기를 기다린다.

② 레스토랑에서 두 명이 식사할 때 여성은 벽 쪽에 앉고 남성은 벽을 향해 앉으며, 앉을 때는 테이블 왼쪽으로 들어가 앉는다.

③ 식사는 모든 사람들이 다 모이면 함께 시작한다.

④ 프랑스식은 손을 테이블 위에 항상 놓고 있고(팔꿈치를 괴는 것과는 다르다), 영국식은 테이블 밑에 놓는다.

식탁과는 주먹 하나 반 정도의 간격을 유지한다.

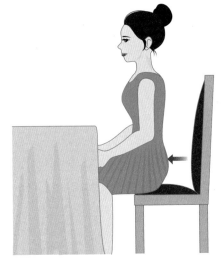
의자 끝에 걸터앉지 않으며, 의자를 앞으로 당겨 앉는다.

[그림 2-56] 테이블에서의 올바른 자세

(3) 화장실 사용

① 오래 전 프랑스에서는 친한 사람들을 제외한, 처음 방문한 사람의 집에서 화장실을 쓰는 것을 실례로 여겼다.

② 어쩔 수 없는 상황일 때 집에서는 디저트를 마친 후, 레스토랑에서는 디저트 주문을 마친 후에 자리를 뜨도록 한다.

③ 화장실을 가야 할 경우에는 '손을 좀 씻고 싶은데요.'라고 말하고, 레스토랑에서나 친한 사이일 경우에는 '화장실은 어디입니까?'라고 말한다.

(4) 나이프와 포크 사용법

바깥(전채용 → 생선용 → 육류용)에 놓인 것부터 사용하며, 칼날은 항상 안쪽을 향하게 놓고, 양쪽으로 놓는다(오른쪽 나이프, 왼쪽 포크).

포크는 왼손에, 나이프는 오른손에 쥐며, 식사 중에 자리를 비울 때나 포도주 등 다른 음식을 먹을 때는 접시 위에 A자 모양이 되도록 놓고, 식사를 마쳤을 때에는 일자로 나란히 하여 4시 방향에 놓아둔다.

[그림 2-57] 포크와 나이프 사용법

식사 중 　　　　 식사 후

[그림 2-58] 식사 중과 식사 후

(5) 식사의 시작

모든 사람들의 접시가 다 놓인 후에 천천히 먹기 시작하고, 식사 전과 식사 중에 담배를 피우는 것은 아주 친한 사람들과의 식사가 아니면 사전에 반드시 양해를 구하거나 커피를 마실 때까지 참고 기다리는 것이 좋다.

① 수프

•스푼을 오른손에 쥐고 손앞에서부터 반대쪽을 향해 뜨고, 수프를 먹을 때에는 소리를 내지 않는다.
•납작한 수프 접시는 손으로 들고 먹는 것이 매너에 어긋나는 것이나 양옆에 손잡이가 달린 속이 깊은 접시는 손으로 들고 먹어도 무관하다.

자기 앞에서
바깥쪽으로 밀어 뜬다.

그릇을 너무 높게 들면
보기 싫으므로 엄지손가락과
집게손가락으로 살짝 쥔다.

양쪽에 손잡이가 있는 수프컵은
손잡이를 들고 마셔도 무방하다.

단, 뜨거울 수 있으므로
먼저 스푼으로 먹어 본다.

[그림 2-59] 수프 먹는 법

② 빵

- 빵은 수프를 먹고 나서 먹기 시작하며, 식사가 이루어지는 동안 요리의 맛을 끌어내 미각에 신선미를 주는 역할을 한다.
- 빵을 먹을 때는 나이프를 사용하거나 손으로 뜯어 먹는데 빵가루가 흩어져도 신경 쓰지 말고 그대로 둔다.
- 빵 접시는 영국이 먼저 만들기 시작했는데, 빵가루가 흩어져 지저분해지는 것을 방지하기 위해 프랑스에서도 사용하기 시작하였다.
- 빵은 한입에 먹을 수 있을 정도로 작게 뜯어 먹도록 한다.

① 빵을 집어 서비스 접시
위에서 손으로 뜯어 놓는다.

② 빵을 왼손으로 들고
버터나이프로 버터를
바른다.

③ 버터나이프를 제자리에
놓고 빵을 먹는다.

[그림 2-60] 빵 먹는 순서

③ 포도주

• 포도주를 마실 때는 잔의 다리 부분을 잡고 마시는 것이 좋다. 잔의 몸통을 잡으면 손의 온기가 잔에 전달되기 때문에 맛이 떨어진다.

• 누군가가 포도주를 따라 줄 때는 잔을 쥐지 않고 가만히 기다리고 있다가 따라 주면 '고맙습니다.'라고 말한다.

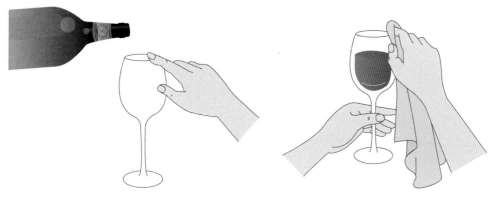

포도주를 마시고 싶지 않을 때는
잔 위에 가볍게 손을 대어 사양한다.

잔에 립스틱이 묻었으면
냅킨으로 가볍게 닦는다.

[그림 2-61] 포도주를 마실 때

포도주 향이 잘 나도록
잔의 면적이 제일 넓은 부분까지
따른다.

잔 밑부분을 잡고
바닥에서 돌려
포도주와 공기가 잘 섞여
향기가 퍼지도록 한다.

손의 온기가
전해지지 않도록
잔의 다리 부분을 잡고
마신다.

[그림 2-62] 포도주 따르는 범위

[그림 2-63] 포도주잔 잡는 법

잔을 눈높이만큼 올린 후
잔끼리 접촉하거나,
가까이만 하여도 무방하다.

[그림 2-64] 건배의 요령

④ 생선 요리

• 납작한 생선의 경우에는 먼저 포크로 잡고 나이프로 생선 중앙에 옆으로 길게 칼금을 낸다.
자기 몸에 가까이 있는 부분을 먼저 발라 먹은 후 그 반대편을 먹는다. 앞면을 먹은 생선은
뒤집어서 먹지 않는다.

• 테이블에 뼈를 발라내는 그릇이 따로 없는 경우에는 앞접시의 가장자리에 모아 둔다.

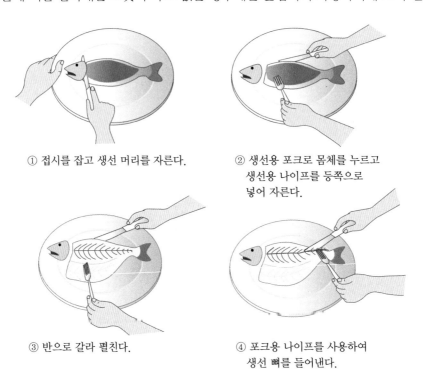

① 접시를 잡고 생선 머리를 자른다.

② 생선용 포크로 몸체를 누르고
생선용 나이프를 등쪽으로
넣어 자른다.

③ 반으로 갈라 펼친다.

④ 포크용 나이프를 사용하여
생선 뼈를 들어낸다.

[그림 2-65] 생선 요리 먹는 법

⑤ 고기 요리

• 육류는 한번에 모두 자르지 않고 한입씩 잘라 먹는다.
• 고기가 꼬치에 끼워져 있을 경우에는 꼬치를 세워서 고기를 포크로 빼낸 후 나이프와 포크를 이용해 한입 크기로 잘라 먹는다.

스테이크는 왼쪽부터 오른쪽으로 자른다.

[그림 2-66] 고기 요리 먹는 법

⑥ 핑거볼(finger bowl) 사용법

• 조개, 과일 디저트, 새우 껍질을 벗길 때 등 손을 사용해 먹는 음식일 경우에 나오며, 한 손씩 집어넣어 손끝 부분만 씻고 냅킨으로 물기를 닦아 낸다.
• 냄새를 없애기 위해 핑거볼에 담긴 물에 레몬 조각을 띄우기도 하는데 절대로 마시지 않는다.

핑거볼에 양손을 넣어 씻지 않는다.

[그림 2-67] 핑거볼 사용법

⑦ 샐러드 및 기타 채소 요리

- 샐러드 및 기타 채소 요리는 고기 요리가 나오는 동시에 다른 접시에 나오며, 고기 요리 중 간이나 나중에 먹는다.
- 고기 요리용 나이프와 포크로 먹으면 된다.

⑧ 과일, 디저트

- 껍질이 있는 과일은 포크로 집어 나이프를 이용해 네 조각으로 자른 후 먹는다.
- 사과는 포크로 집어 나이프로 껍질을 벗겨내고 먹는다. 바나나는 손과 나이프를 사용하여 껍질을 까고 포크와 나이프를 사용하여 한입 크기로 잘라서 먹는다. 오렌지는 꼭지가 달린 윗부분과 아랫부분을 잘라 낸 후 1/4 크기로 자르고 한 개씩 껍질을 벗기면서 손으로 먹는다.
- 케이크는 왼쪽부터 포크와 나이프로 먹는다. 웨이퍼(wafer : 일명 웨하스)와 비스킷은 아이스크림과 번갈아 가며 먹는데 과자로 아이스크림을 떠 먹어서는 안 된다.
- 커피를 마실 때 스푼은 저어 준 후 컵의 반대쪽, 즉 뒤쪽에 두고, 컵은 접시 위에 올려 손잡이를 오른쪽으로 돌려서 오른쪽에서 오른손으로 마신다.

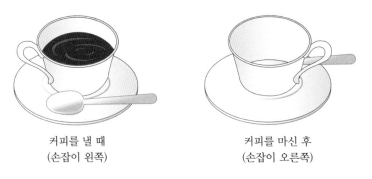

커피를 낼 때
(손잡이 왼쪽)

커피를 마신 후
(손잡이 오른쪽)

[그림 2-68] 커피 마실 때 매너

⑨ 냅킨의 사용

- 냅킨은 완전히 다 펼치지 않도록 하며, 앞쪽이 아닌 뒷면을 사용한다.
- 여성들은 립스틱이 잔에 묻지 않도록 냅킨으로 가볍게 입을 누르고 마시는 것이 좋다.
- 식사 중 잠시 자리를 비울 경우에는 냅킨을 의자 위에 올려 두거나, 접시 사이에 끼워 두거나, 접시 옆 등 식탁 위의 빈 공간 적당한 곳에 올려 둔다.

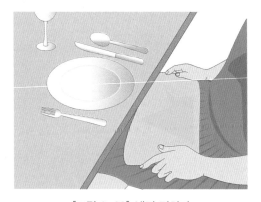

[그림 2-69] 냅킨 펼치기

⑩ 큰 접시에서 각자 먹을 음식을 덜어 갈 때

- 음식을 덜어 주는 사람이 없을 경우에는 테이블 왼쪽 위 공간에 접시를 놓고 왼손에 포크, 오른손에 스푼을 쥐고 스푼으로 덜어 낸 음식을 포크로 고정하여 자기 앞접시에 놓는다.
- 샐러드볼도 왼쪽에 놓이는데 각자 접시에 덜어 먹도록 한다.
- 음식을 덜어 주는 사람이 있을 경우에는 덜어 주는 사람에게 왼쪽으로 자신의 접시를 건네 주도록 한다.

(6) 뷔페에서의 테이블 매너

① 덜어 먹는 스푼이나 포크로 음식을 덜고 테이블에서 떨어져서 먹는다.
② 따뜻한 요리와 차가운 요리를 같이 담지 않도록 한다.
③ 접시와 포크가 더러워지면 새것으로 바꾼다.
④ 접시에 담은 음식은 남기지 않도록 한다.

(7) 식사 후 예절

① 찻잔은 받침 접시와 함께 잡는다. 차를 마실 때 받침 접시 자체를 무릎 위에 올려놓으면 우아해 보이고 옷을 더럽힐 염려도 없다.
② 이쑤시개는 식탁에서 사용하지 않는다. 식탁 위에 있다 해도 가지고 있다가 나중에 사용한다(꼭 사용하고 싶을 때는 사람들에게 불쾌감을 주지 않도록 화장실에 가서 사용한다).
③ 트림은 되도록 하지 않는다. 실수로 했을 경우에는 '죄송합니다.'라고 말한다.
④ 냅킨을 예쁘게 다시 접어놓는 것은 실례이며, 테이블 위 빈 공간의 적당한 곳에 자연스럽게 두는 것이 맛있었고 또 오고 싶다는 의미를 나타낸다.

준비물   색종이, 수저, 흰색 A2 전지 2장, 가위, 칼, 필기도구, 커틀러리(숟가락, 젓가락, 포크, 나이프)

 실습 내용   준비해 온 색종이로 식기(장 종류는 3cm, 찬 종류는 5cm, 밥·국·찌개 등은 10cm 크기)를 만들어 반상 3·5·7·9첩 상차림 연출

실습 지도   ① 흰색 전지 위에 각각의 상차림법을 세팅해 본다.
② 3·5·7·9첩 상차림에 따라 수저, 밥그릇, 국그릇, 찬 놓는 위치를 익히는 연습을 해 본다.

① 3첩 상차림

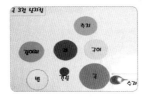 

② 5첩 상차림

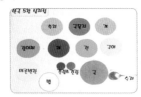 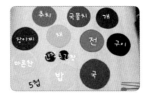

③ 7첩 상차림

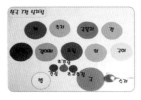 

④ 9첩 상차림

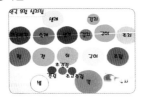 

기타   색종이를 음식 종류와 이미지에 맞게 잘라, 그 위에 음식명을 적어 세팅하면 더 실감 나게 상차림을 연출할 수 있다.

서양, 중국, 일본 상차림

준비물

색종이, 수저, 흰색 A2 전지 2장, 가위, 칼, 필기도구, 커틀러리(숟가락, 젓가락, 포크, 나이프)

**실습
내용**

색종이로 식기를 만들어 동서양(중국식, 일본식, 영국식, 프랑스식 등)의 상차림 연출

**실습
지도**

① 각자 가지고 있는 커틀러리를 위치에 맞게 놓아 본다.
② 서비스를 할 때, 받을 때 등의 여러 가지 상황을 가정하여 상차림을 연출해 본다.

① 중국 상차림

② 일본 상차림

 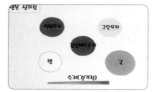

③ 영국 상차림

 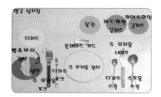

④ 프랑스 상차림

 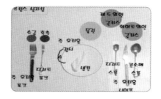

기타

① 수저와 포크, 나이프를 준비해 오지 않은 학생들은 필기도구를 각각의 위치에 놓아본다.
② 실습한 상차림이 학생들의 연출에 따라 실제와 다른 경우도 있다.

3장

색채와 음식

3장 색채와 음식

색 채

1. 색채 개요

색이란 빛이 물체에 반사, 분해, 투과, 굴절, 흡수될 때 망막과 시신경을 자극함으로써 감각된 현상으로 나타나는 것이다. 존재하는 모든 물체나 현상은 고유한 색을 가지고 있다. 하늘, 구름을 비롯하여 땅에 존재하는 생물체는 각자의 색을 가지고 있어 구분하는 기준이 되고 있을 뿐 아니라, 사람은 정서와 생활 경험에 따라 색에 의미를 주어 구분하기도 한다.

2. 색상환

색은 분명히 아주 오래 전부터 존재하였으나 17세기에 뉴턴이 빛이 프리즘을 통해 반사되어 나타난 색(무지개의 7가지색)을 발견하고 컬러 스펙트럼을 정의하게 된 이후에 이를 토대로 최초의 색상환이 고안되었고, 여러 사람의 연구를 거쳐 지금 우리가 아는 색상환이 완성되었다.

색상환은 색의 변화를 쉽게 보기 위해 색을 스펙트럼 순서로 동그랗게 배열한 것이며, 상대하는 위치에 보색이 서로 마주 보이는 것을 특히 보색 색상환이라고 한다. 색표는 색상을 기준으로 배열하므로 색상환이라 불리며, 색입체의 수평 단면과 동일한 형태의 순수 배색을 말한다.

(1) 먼셀의 표색계

미국의 화가 먼셀(Albert Henry Munsell, 1858~1918)은 모든 색채를 색상, 명도, 채도의 세 가지 속성으로 분석하였고 그것을 총합이라고 정의하였다. 이는 현재 우리나라의 산업 규격으로 제정되어 사용되고 있고 교육용으로도 채택된 표색계로, 독일의 오스트발트(Friedrich Wilhelm Ostwald, 1853~1932) 표색계와 같이 대표적이다.

먼셀은 자연색을 적(赤), 황(黃), 녹(綠), 청(靑), 자(紫)의 '5원색'으로 나누고 다시 이 색들의 보색을 추가하여 '10색상환'을 만들었고, 그것을 다시 분할하여 20, 40, 50, 100으로 나타내었으나 일반적으로 '20색상환'이 가장 많이 이용되고 있다.

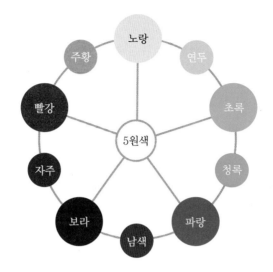

[그림 3-1] 먼셀의 10색상환

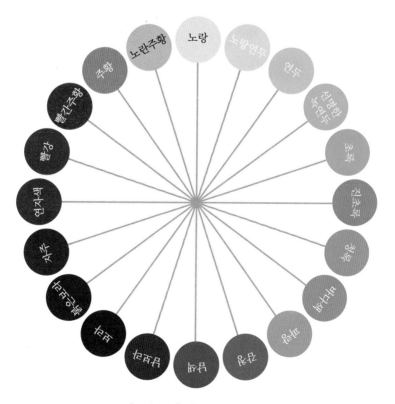

[그림 3-2] 먼셀의 20색상환

3. 색의 3속성

우리가 색채를 보고 느끼는 요인에는 세 가지가 있는데, 먼셀은 색상을 Hue, 명도를 Value, 채도를 Chroma로 분류하고 HV/C라는 형식에 따라 번호로 표시하였다.

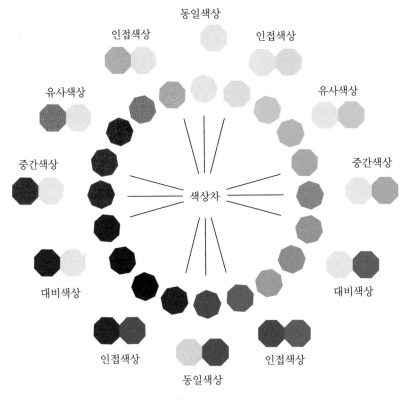

동일색상
인접색상   인접색상
유사색상   유사색상
중간색상   색상차   중간색상
대비색상   대비색상
인접색상   인접색상
동일색상

[그림 3-3] 색상 관계

(1) 색상(Hue)

감각에 따라 빨강, 파랑, 녹색이라는 이름 등으로 서로 구별되는 색의 명칭으로 물리학적으로는 빛의 파장에 따라 구분된 색의 영역이다.

(2) 명도(Value)

색의 밝고 어두운 정도를 표현한 것이다. 명도는 유채색과 무채색에 모두 있는데 순검은색의 명도를 0, 순흰색의 명도를 10으로 하여 총 11단계로 구분하고 2 사이의 회색 단계에 번호를 붙여 모든 색의 명도를 이것과 비교하여 정한다.

모든 색채는 백(白) → 황(黃) → 녹(綠) → 적(赤) → 청(靑) → 자(紫) → 흑(黑)의 순서로 어두워진다.

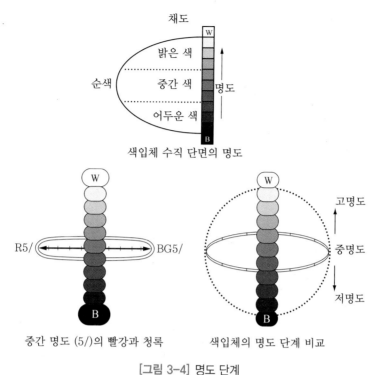

채도

밝은 색

순색   중간 색   명도

어두운 색

색입체 수직 단면의 명도

R5/   BG5/

고명도

중명도

저명도

중간 명도 (5/)의 빨강과 청록   색입체의 명도 단계 비교

[그림 3-4] 명도 단계

(3) 채도(Chroma)

색의 맑고 탁한 정도, 즉 선명도를 말한다. 채도가 높을수록 선명하게 보이고, 낮을수록 묽고 엷게 보인다. 채도가 가장 높은 색을 청색이라고 하는데, 같은 색상의 청색 중에서도 가장 채도가 높은 것을 순색이라고 한다. 채도가 가장 낮은 색은 탁색이라고 한다. 다른 색을 섞을수록 채도는 낮아진다.

[그림 3-5] 채도가 낮은 색 음식

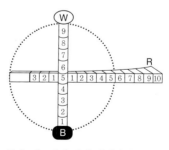

같은 중간 명도 (5/)의 순색일지라도
빨강의 채도 (/10)는 청색의 채도 (/5)보다 두 배 높다.

빨강과 파랑의 채도 단계

[그림 3-6] 채도 단계

4. 유채색과 무채색

(1) 유채색

색채(물체의 색) 중에 색상이 있는 색이며, 명도만 포함하는 무채색을 제외한 모든 색을 말한다. 무채색과 다르게 색의 3속성을 모두 포함하는 색으로 개개의 유채색은 색의 3속성이라는 감각적인 요소에 의해서 세분화된다.

(2) 무채색

흰색, 회색, 검은색으로 이루어져 있는, 명도만 있는 색으로 밝고 어두운 정도의 차이로 구분하여 표시한다. 일반적으로 흰색에서 검은색까지 무채색의 밝은 정도를 감각적으로 등분하여 늘어놓고, 그 배열에 붙인 번호로써 밝기를 구별한다.

밝기	명도 번호	무채색
고명도 (light color) 4단계	10	
	9	
	8	
	7	
중명도 (middle color) 3단계	6	
	5	
	4	
저명도 (dark color) 4단계	3	
	2	
	1	
	0	

[그림 3-7] 무채색의 명도 단계(명도 표준)

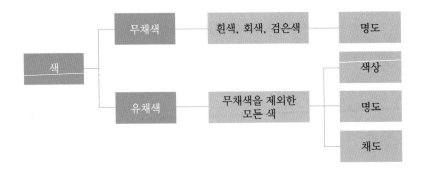

[그림 3-8] 색의 관계도

5. 색의 대비

색의 대비는 어떤 색이 배경색, 인접색 등 다른 색의 영향으로 본래 색과 다르게 보이는 시각 현상을 말한다.

(1) 계시 대비

어떤 색을 보고 자극을 받은 후 연속하여 다른 색을 보았을 때 그 색이 먼저 본 색의 잔상으로 달라져 보이는 대비 현상이다. 시간적인 간격에 따라 잔상 현상에 의하여 나타나는 대비로 계속 대비 또는 연속 대비라고도 한다.

(2) 동시 대비

서로 가까이 있는 색을 동시에 보았을 때 주위색의 영향으로 색이 달라져 보이는 대비 현상이다.

① 색상 대비

서로 다른 두 색을 인접시켰을 때 서로 영향을 받아 두 색의 색상 차이가 크게 보이는 현상이다. 색상 사이에 흰색, 검은색 띠를 두르면 색상 간의 대비가 더욱 뚜렷하다.

색상 대비가 강한 구성은 화려하고 생명력 넘치는 느낌이며, 시각적 자극이 강해 시선 집중의 효과를 얻을 수 있다.

[그림 3-9] 색상 대비

[그림 3-10] 음식으로 본 색상 대비

② 명도 대비

명도가 다른 두 색을 인접시키거나 같이 배색하였을 때 서로 대조되어 명도 차이가 크게 보이는 현상(어두운 색은 더 어둡게 보이고, 밝은 색은 더 밝게 보임)이다.

명도 대비가 강하면 선명하고 산뜻하고 명쾌한 느낌이고, 전체적으로 명도가 밝으면서 대비가 약하면 밝고 가벼우면서 부드러운 느낌을 받을 수 있다. 예를 들어 검은색 사이에 회색이 들어가 있으면 회색이 선명해 보인다.

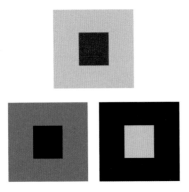
[그림 3-11] 명도 대비

[그림 3-12] 음식으로 본 명도 대비

③ 채도 대비

채도가 다른 두 색을 인접시키면 서로 영향을 받아 채도 차이가 나는 대비 현상(채도가 낮은 색은 더 낮아 보이고, 채도가 높은 색은 더 높아 보임)이다.

순색에 흰색을 혼합하면 색채는 밝아지면서 채도가 감소하고, 차가운 느낌으로 변화한다.

[그림 3-13] 채도 대비

[그림 3-14] 음식으로 본 채도 대비

④ 보색 대비

보색(색상환에서 서로 반대쪽에 위치) 관계인 두 색이 서로 영향을 주어 더욱 뚜렷하게 보이는 현상이다.

서로의 색을 방해하지 않고 가장 순수하고 생기 있게 느낄 수 있도록 하는 효과가 있다. 예로 보색인 노란색과 남색은 명도 차이가 커 명도 대비를 이루며 색상환에서 반대편에 위치하여 한 난 대비 현상을 나타낸다.

[그림 3-15] 보색 대비

[그림 3-16] 음식으로 본 보색 대비

(3) 면적 대비

면적이 크고 작음에 따라 색이 다르게 보이는 현상이다. 면적이 크면 채도와 명도가 증가하고, 작으면 감소한다. 같은 색이라도 넓은 면적에 사용하면 더 선명하고 밝아져 강한 인상을 주며, 좁은 면적에서 사용하면 더 어두워 보인다. 예로 흰색 바탕에 녹색 선을 놓았을 경우 작은 면적의 녹색이 명도가 더 낮게 보여 흑색에 가깝게 느껴진다.

 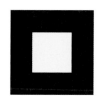

[그림 3-17] 면적 대비

(4) 한난 대비

색의 차가움과 따뜻함을 느끼는 인식의 차이에 변화가 오는 현상이다.

원근감을 나타내는 데 효과가 있어 가까울수록 난색을, 멀수록 한색을 많이 사용한다. 일반적으로 가장 따뜻한 색은 주황색이고, 가장 차가운 색은 청록색이다.

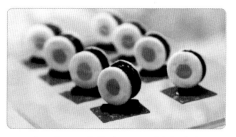

[그림 3-18] 음식으로 본 한난 대비

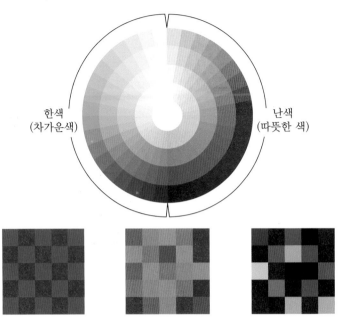

[그림 3-19] 색상환에서의 한색과 난색

6. 색채의 감정 효과

색채는 시각을 통해 나타나는 현상임과 동시에 감각을 통하여 하나의 감정을 나타내는 심리적 현상이다. 어떤 대상을 통한 경험이나 환경과 조건, 대상 자체가 갖는 개성 등 다양한 연상 작용에 따라 서로 다른 색채 감정을 갖게 된다.

(1) 온도감

온도감은 색상에 따라 따뜻함과 차가움을 느끼는 효과를 말한다. 대체적으로 빨강·주황·노랑 같은 난색 계열은 따뜻함을, 초록·파랑·남색 같은 한색 계열은 차가움을 나타낸다. 또한 온도감은 색상에 의해 강하게 느껴지는데, 무채색일 경우에 저명도는 따뜻하게, 고명도는 차갑게 느껴진다.

따뜻한 색   차가운 색

[그림 3-20] 온도감

[그림 3-21] 음식으로 본 따뜻한 색

[그림 3-22] 음식과 식기로 본 차가운 색

(2) 중량감

중량감은 색의 명도에 따라 가볍고 무겁게 느껴지는 현상이다. 고명도는 가볍게, 저명도는 무겁게 느껴지는데 이처럼 중량감은 색상보다 명도의 차이에 의해 좌우된다.

　　　　　　가벼운 색　　　　　　　　　　　　　　　　무거운 색

[그림 3-23] 중량감

[표 3-1] 색의 중량감과 밝기의 순서

구 분	색 명
색의 중량감 순서	백 < 황 < 녹 < 자 < 적 < 청 < 흑
색의 밝기 순서	흑 < 청 < 적 < 자 < 녹 < 황 < 백

(3) 경연감

경연감은 시각적 경험 등에 의해 부드럽고 딱딱하게 느끼는 감각을 말하며, 이는 색의 채도 및 명도에 따라 결정된다.

명도가 높고 채도가 낮은 난색 계열은 부드럽고 평온한 느낌을 주고, 명도가 낮고 채도가 높은 한색 계열은 딱딱한 느낌을 준다.

부드러운 느낌의 색   딱딱한 느낌의 색

[그림 3-24] 경연감

(4) 계절감

① 봄 : 연두색, 녹색, 노란색, 분홍색 등 고명도, 저채도 계통의 엷은 색채 위주이다.

[그림 3-25] 봄

[그림 3-26] 음식으로 보는 봄의 색

② 여름 : 청색, 적색, 흰색(배색으로 쓰임) 등 강한 색채 위주이다.

[그림 3-27] 여름

[그림 3-28] 음식과 식기로 보는 여름의 색

③ 가을 : 진한 갈색, 황토색, 올리브색 등 봄과는 대비되는 색채 위주이다.

[그림 3-29] 가을

[그림 3-30] 음식으로 보는 가을의 색

④ 겨울 : 회색, 검정, 흰색 등 무채색에 가까운 색채 위주이다.

[그림 3-31] 겨울

[그림 3-32] 음식과 식공간 연출로 보는 겨울의 색

7. 배색과 조화

배색이란 두 가지 이상의 색을 효과적으로 조합하여 배치하는 것을 일컫는다. 어떻게 배색하느냐에 따라 다양한 색채 조화 효과를 얻을 수 있으므로 다음 사항들을 고려하여 상황에 따라 각 색의 차이와 특성에 맞게 배색하도록 한다.

- 올바른 사용법이나 안정성 등을 고려하여 사물의 성능이나 기능에 맞게 주변과 어울릴 수 있도록 한다.
- 색채에 의한 심리적 작용을 고려하고, 인간의 행동 공간 및 작업 공간에 있어 작업 능률을 고려하며, 활동 의욕을 높일 수 있도록 한다.
- 사용자의 성별, 연령 및 기호도 등을 고려하여 사용자가 편안한 느낌을 가질 수 있도록 한다.
- 건전한 유행으로 유도가 가능하게 한다.
- 이미지를 통해 전달하려는 목적이나 기능을 중심으로 한다.

(1) 동일 색상 배색

같은 색상의 명도나 채도만을 달리하여 배색하는 방법으로 무난하면서도 전체적으로 통일감이 형성되어 차분한 느낌을 연출하고자 할 때 자주 사용한다.

[그림 3-33] 동일 색상 배색

(2) 유사 색상 배색

서로 인접한 색이나 유사한 색을 이용한 배색 방법으로 색상의 차가 작기 때문에 친근하고 자연스러운 느낌을 준다. 동일 색상 배색처럼 명도와 채도를 달리하여 조합할 수도 있다.

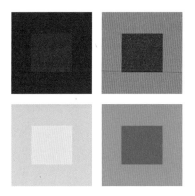

[그림 3-34] 유사 색상 배색

[그림 3-35] 음식으로 보는 유사 색상 배색

(3) 반대 색상 배색

서로 대비되는, 색상 차가 큰 색을 이용하여 배색하는 방법으로 다른 배색들에 비해 대비가 강하여 화려하고 강렬한 느낌을 준다. 난색 계열에는 한색 계열, 부드러운 색 계열에는 딱딱한 색 계열 등 반대되는 이미지를 가진 색상끼리 배색하여 다른 느낌을 만들어 낼 수 있다.

[그림 3-36] 반대 색상 배색

[그림 3-37] 음식으로 보는 반대 색상 배색

(4) 명도 차가 작은 배색

서로 명도 차가 작은 색상끼리 배색하는 방법으로 저명도와 저명도의 배색은 무겁고 어두운 느낌이며, 중명도와 중명도의 배색은 변화가 작고 단조로운 느낌이다. 고명도와 고명도의 배색은 밝고 경쾌한 느낌이다.

고명도 & 고명도   저명도 & 저명도

[그림 3-38] 명도 차가 작은 배색

(5) 명도 차가 큰 배색

서로 명도 차가 큰 색상끼리 배색하는 방법으로 명확하며 명쾌한 느낌을 준다.

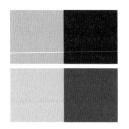

고명도 & 저명도   고명도 & 저명도

[그림 3-39] 명도 차가 큰 배색

(6) 채도 차가 작은 배색

서로 채도 차가 작은 색상끼리 배색하는 방법이다. 저채도와 저채도는 불안정하고 약한 느낌이며, 중채도와 중채도는 안정감이 있고 조금 점잖은 느낌이다. 고채도와 고채도는 자극적이며 강하고 화려한 느낌이다.

[그림 3-40] 채도 차가 작은 배색

(7) 채도 차가 큰 배색

서로 채도 차가 큰 색상끼리 배색하는 방법으로 화려하면서 안정된 느낌이지만 색상의 면적 크기에 따라 차이가 난다.

[그림 3-41] 채도 차가 큰 배색

음식과 색 효과

1. 음식과 색

모든 식품은 특유의 맛을 가지고 있으며, 색에도 맛을 느끼게 하는 특성이 있다. 사람들은 음식을 먹을 때 맛과 색을 함께 연동하여 느낀다. 즉 음식의 색만 보고 맛이 어떨지에 대해 그 느낌을 알아내기도 한다.

난색 계열의 음식이 단맛, 신맛 등 미각을 자극하는 반면에 한색 계열의 음식은 쓴맛, 짠맛과 관계가 있다. 이러한 특성은 식욕 스텍트럼을 통해 확인할 수 있는데, 주황에서 가장 높은 식욕 반응을 보이고, 연두에서 식욕 반응이 급격히 떨어진다.

이렇듯 요리에 있어서는 맛도 좋아야 하지만 색을 보고 느낌을 유추할 수 있기 때문에 색도 중요하다.

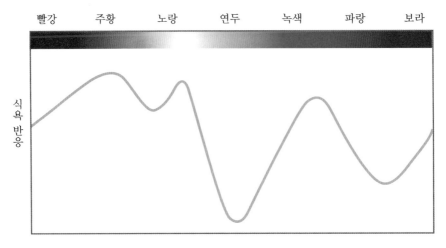

| 빨강 | 주황 | 노랑 | 연두 | 녹색 | 파랑 | 보라 |

식욕 반응

[그림 3-42] 식욕의 스펙트럼 현상

[그림 3-43] 음식의 다양한 색상 표현

2. 색의 공감각

색채가 시각 및 기타 감각과 교류되는 현상을 색의 공감각(synesthesia)이라 한다. 색채와 맛, 모양, 향, 소리, 촉각 간의 메시지와 의미를 전달할 수 있다.

(1) 미각(맛)

주로 혀 위에서 식별되어 생기는 신맛, 단맛, 쓴맛, 짠맛 등의 지각 감각의 하나이다.

① 단맛

빨간색, 주황색, 분홍색, 커피색 등을 사용하여 캔디나 젤리 등의 단맛과 달콤함을 나타낸다. 분홍색은 아주 단맛보다는 달콤한 느낌을 더 가지고 있어 베이스로 깔아 두고 표현하면 더욱 좋다.

[그림 3-44] 달콤한 맛

② 짠맛

차가움을 표현하는 한색 계열의 색과 소금에서 연상되는 흰색으로 짠맛을 나타낸다. 보통 해산물은 녹색 계통의 한색 계열인 경우가 많다. 그러므로 일반적으로 짠맛을 나타낼 때엔 한색인 청록색, 회색, 흰색 등의 색을 베이스로 표현한다.

③ 신맛

노란색, 연두색, 녹황색 등을 사용한다. 시트러스 계열 과일 색인 노란색은 레몬처럼 신맛을, 연두색은 덜 익은 과실의 과즙을 연상시킨다.

④ 쓴맛

진한 청색이나 올리브그린색, 밤색, 풀을 연상하는 그린 계열의 색으로 쓴맛을 나타낸다. 최근에는 식문화의 변화로 단맛이나 고소함을 나타내기도 한다.

⑤ 매운맛

빨간색, 주황색, 검은색을 사용하여 고추와 칠리 등의 매운맛을 나타낸다.

신맛   단맛   매운맛

짠맛   쓴맛

[그림 3-45] 미각과 이미지

(2) 후각(냄새)

코의 말초 신경이 자극을 받아 발생하는 흥분이 대뇌에 전달되어 생기는 감각으로 온도, 습도의 영향을 받는다.

① 좋은 냄새 : 순색

② 나쁜 냄새 : 탁색 계열, 어둡고 흐린 난색 계통

③ 톡 쏘는 냄새 : 오렌지색

④ 은은한 냄새 : 연보라색, 보라색

⑤ 짙은 냄새 : 녹색, 코코아색, 포도주색

(3) 청각(소리)

청각은 맛에 관여하는 비율이 낮다고 생각하기 쉬운데 청각을 배제하고는 충분한 맛을 볼 수 없을 것이다. 청각은 후각과 연결되어 있고, 후각은 미각과 직접 연결되어 있다.

뉴턴(Newton)은 일곱 가지 프리즘에서 나타난 색을 7음계에 연관시켜 '빨강-도, 주황-레, 노랑-미, 초록-파, 파랑-솔, 남색-라, 보라-시'로 나타냈다.

이러한 음(音)과 식(食)이 관계되는 것을 경험할 때 우리 뇌는 모든 감각들의 기억을 저장한다. 예를 들자면 찌개가 끓는 소리, 입 안에서 음식을 씹는 소리, 채소를 자르는 소리, 빵의 바삭거리는 소리, 김치의 아삭한 소리, 고기를 볶을 때 지글거리는 소리 등 우리는 보지 않고 청각만으로 행동과 맛을 유추해 낼 수 있다.

① 낮은 음 : 어두운 색이나 명도가 낮은 색, 중량감이 있는 색

② 높은 음 : 밝고 강한 채도의 색

③ 탁한 음 : 회색 계열의 색

④ 일반적인 표준음 : 순색

(4) 촉각(촉감)

음식과의 물리적 접촉은 촉각이 담당한다. 시각과 후각 등의 감각 기관에서 자극을 거친 뒤 구체적으로 맛을 보는 단계로 들어가는데 입 안에서 음식을 씹으면서 입천장과 혀, 잇몸 등으로 느끼는 부드러움, 매끄러움 등의 특성을 나타낸다.

① 촉촉한 느낌 : 파랑, 청록 계열

② 광택이 있는 느낌 : 난색 계열

③ 부드러운 느낌 : 분홍색, 하늘색 등 밝고 가벼운 색채

④ 딱딱하고 강한 느낌 : 채도가 낮은 색채

⑤ 강한 느낌 : 고명도, 고채도의 색채

⑥ 윤택한 느낌 : 진한 색채

⑦ 거친 느낌 : 진한 회색 계열

[그림 3-46] 부드러운 느낌

3. 한국의 음식과 색채

한식은 음양오행의 원리를 반영한 한방 의학을 기초로 하므로 맛과 색상에서도 오감을 만족시킨다. 궁중 음식은 색상이 화려하고, 사계절이 뚜렷하며 각 지방마다 기후와 환경에 차이가 있어 지방의 특성에 맞게 음식들이 고루 발달하였다. 경기도는 조선 시대의 수도였던 한양과 인접하여 궁중 요리의 화려함을 닮았고, 북부 지방은 춥기 때문에 음식에 간을 세게 하지 않아도 되어 수수한 게 특징이며, 남부 지방은 따뜻하여 식재료가 상할 위험이 있어 간을 세게 하는 것이 특징이다.

(1) 한국의 전통 색채

① 특징

우리나라에서는 전통적으로 색명에 시뻘겋다(적), 새파랗다(청), 샛노랗다(황), 새하얗다(백), 시커멓다(흑) 등 접두사를 붙여 강조하였다. 이러한 색명의 표현은 오방정색에 한하여 붙였으며 간색, 잡색에는 붙이지 않았다. 또한 '순' 자(字)를 붙여 순백, 순청, 순홍 등으로 표현하였고, 빨 → 뻘, 파 → 퍼, 하 → 허, 까 → 꺼, 노 → 누로 바뀌어 강조의 뜻을 나타내기도 하였다.

한국의 전통 표준 색상인 오방색(五方色)은 '적(赤), 흑(黑), 청(靑), 백(白), 황(黃)'으로, 색을 단순히 색채로만 인식하지 않고 의미를 부여하여 민족적인 정신을 나타내었다.

- 적(赤) : 국왕이 입던 붉은색 곤룡포의 색으로 절대 권력을 상징한다. 또 토속 신앙에서 액운을 막아 준다고 여겨 주술적 의미로 사용되었다.
- 흑(黑) : 음의 색으로, 계절로는 겨울을 상징하며, 만물의 흐름과 변화를 뜻한다. 조선 시대때 궁에서는 음의 색이라 사용하길 꺼렸지만 민간에서는 상복, 상투 등 제복에 사용하였다.
- 청(靑) : 보편적인 색채로 음양오행의 상징이다. 동쪽이기 때문에 해돋이, 밝음, 맑음 등과 연관되며, 초목의 색채로서 성장과 풍성함을 의미한다.
- 백(白) : 우리 민족이 가장 많이 사용하고 즐긴 색으로 흰옷을 입는 민족이라는 뜻에서 백의민족이라 불릴 정도였다. 순결, 순수, 광명과 도의의 표상으로 태양의 색이라는 상징성도 가졌고 그로 인해 아이의 돌이 지날 때까지는 유채색 옷을 입히지 않았다.
- 황(黃) : 색의 근원으로 숭상되었으며 오방색 중 중앙을 상징한다. 신성한 색이면서 시각적으로도 사람들의 이목을 집중시킬 수 있으며, 적색 계열로 분류되어 적색과 비슷하게 사용되곤 했다.

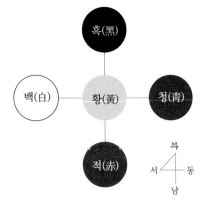

[그림 3-47] 오방색의 개념도

② 음양오행 사상에 따른 색 분류

음양오행 사상은 만물을 화(火), 수(水), 목(木), 금(金), 토(土)의 다섯 요소로 본 다원론이다. 천지의 변이, 재앙, 인사의 길흉 등 모든 우주의 현상을 체계화한 사상이다.

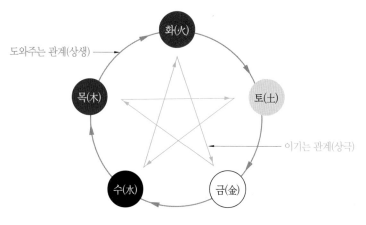

[그림 3-48] 음양오행도

음양오행 사상에서 오방색(적, 흑, 청, 백, 황)은 양의 색이고, 오간색(동방 청색과 중앙 황색의 간색인 녹색(綠色), 동방 청색과 서방 백색의 간색인 벽색(碧色), 남방 적색과 서방 백색의 간색인 홍색(紅色), 북방 흑색과 중앙 황색의 간색인 유황색(硫黃色), 북방 흑색과 남방 적색의 간색인 자색(紫色))은 음의 색이다.

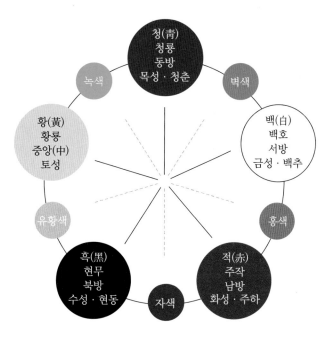

[그림 3-49] 음양오행과 오방 · 오간색

[표 3-2] 음양오행에 따른 분류

오행(五行)	오방(五方)	오색(五色)	오상(五常)	오미(五味)
화(火)	남(南)	적(赤)	예(禮)	쓴맛(苦)
수(水)	북(北)	흑(黑)	지(智)	짠맛(鹹)
목(木)	동(東)	청(靑)	인(仁)	신맛(酸)
금(金)	서(西)	백(白)	의(義)	매운맛(辛)
토(土)	중앙(中)	황(黃)	신(信)	단맛(甘)

(2) 한국의 전통 음식과 색채

① 김치

배추를 소금에 절이고 파, 생강, 마늘, 고춧가루, 젓갈을 넣어 버무려 숙성시킨 것을 김치라 한다. 선대에서 현대까지 한국의 대표적인 음식이며 전 세계적으로 인정을 받고 있다.

배추는 백색, 파는 청색, 생강과 마늘은 황색, 고춧가루는 적색, 젓갈은 흑색을 나타낸다. 그러므로 김치는 오방색을 가지고 있는 가장 대표적인 음식이다.

[그림 3-50] 배추김치와 보쌈김치

② 구절판

구절판은 여덟 방향으로 나눈 재료를 밀전병에 싸서 먹는 음식이며, 서로 다른 뜻을 가진 사람들의 화합을 뜻한다. 구절판은 오방색에 맞춰 밀전병(백색), 오이(청색), 당근(적색), 석이버섯(흑색), 달걀지단(황색) 등을 넣어 만들며, 우리 조상들의 지혜가 엿보이는 음식이다.

③ 한과

한과의 색은 크게 음양오행 사상에 근거한 오방색과 재료의 고유색으로 나눌 수 있는데, 오방색 위주의 한과에는 '오색다식'이 있다. 오색다식은 무슨 재료를 이용해 가루를 내느냐에 따라 간단하게 오방색을 나타낼 수 있어 우리나라의 색채를 살리는 음식이다.

[그림 3-51] 구절판

[그림 3-52] 한과

4. 건강과 색채

(1) 색채 치료

색채 치료란 색채를 사용하여 물리적, 정신적으로 영향을 주어 환자의 상태를 호전시키기 위한 조치를 말한다. 색채 치료에는 벽, 옷, 생필품 등의 물체색을 비롯하여 광원색이 사용된다.

① 색채 치료 방법
- 환자에게 의식적으로 색을 보게 하는 방법
- 환경적으로 적용하여 반의식적으로 생활 공간에 살게 하는 방법
- 색채 고유의 파장 특성을 이용하여 물리적으로 영향을 가하는 방법

② 색채 치료 효과
색채 치료는 예술 치료의 한 영역으로 질병에 탁월한 치료 효과가 있다.
- 난색 계열의 고채도 색은 흥분을 유도하고, 한색 계열의 저채도 색은 마음이 차분히 가라앉는 느낌을 주므로 고혈압 환자는 한색 계열로, 저혈압 환자는 난색 계열로 치료를 유도한다.
- 자연의 색인 초록색은 마음의 평화와 안정을 주어 피로 회복에 효과적이다.
- 자주색은 우울증과 노이로제 같은 정신 불안 증세, 월경 불순 등 여러 증상에 효과적이다.

(2) 색채별 치료 효과

① 빨강

심장과 혈액 순환에 자극을 주고, 적혈구를 강화시켜 주며, 신체를 강하게 만들고 원기를 강화시켜 준다.

② 분홍

근육 이완을 도와준다.

③ 주황

강장제 효과를 주고, 비장과 허파, 췌장 등의 면역 체계를 강화시키며, 체액을 분비시키는 기능을 도와준다.

[그림 3-53] 색채별(빨강, 분홍, 주황) 치료 효과

④ 노랑

두뇌를 자극하여 머리를 맑게 하고, 신경계를 강화시켜 주며, 근육에 에너지를 만들어 주고, 림프계를 움직여 소화계를 깨끗하게 해 준다.

⑤ 초록

심신을 편안하게 하여 심장에 좋은 영향을 주고, 신체적 수축과 이완으로 균형을 잡히게 하며, 혈액 순환 조절을 돕는다.

⑥ 파랑

갑상선과 연관있으며 마음을 차분하게 진정시키고 자율 신경계를 자극하여 혈압을 낮추는 효과가 있으며, 수축 작용과 항염 작용에 도움을 준다.

⑦ 보라

두뇌와 신경계에 작용을 하며, 방부 기능에 효과가 있고, 배고픔을 억제하며, 신체의 신진대사와 균형을 이루는 데 도움을 준다.

[그림 3-54] 색채별(노랑, 초록, 보라) 치료 효과

[표 3-3] 색과 치료 효과

색 상	연상과 상징	치료 효과
빨강(R)	열렬, 더위, 위험, 혁명, 분노, 일출, 크리스마스	빈혈, 노쇠, 화재, 방화, 정지, 긴급
주황(YR)	원기, 적극, 희열, 만족, 건강, 광명, 가을	강장제, 무기력, 저조
노랑(Y)	희망, 팽창, 접근, 가치, 대담, 경박	염증, 신경계, 방부제, 주의 표시
연두(GY)	잔디, 위안, 친애, 젊음, 신선, 초여름	위안, 회복, 강장, 방부
초록(G)	엽록소, 안식, 평화, 안정, 중성, 천기	해독, 피로 회복, 안전, 구급색
청록(BG)	이지, 냉정, 유령, 죄, 심미, 질투	상담실, 회복실
파랑(B)	차가움, 심원, 명상, 냉정, 영원, 성실	신경, 염증, 피서, 회복
남색(PB)	숭고, 천사, 냉철, 심원, 무한, 영원, 신비	살균, 정화, 출산
보라(P)	창조, 예술, 신비, 우아, 고가, 위엄, 공허	중성색, 예술감, 신앙심 유발
자주(RP)	애정, 연애, 창조, 술, 코스모스, 복숭아	저혈압, 우울증, 노이로제

색상, 명도, 채도 등 색채의 기본 속성 익히기 1

 준비물 색종이, 흰색 A2 전지, 가위, 풀

 **실습
내용** 색종이로 색상, 명도, 채도, 색상 대비, 명도 대비, 채도 대비, 계절에 따른 이미지별 색을 구별하여 A2 전지에 다양한 모양으로 오려 붙이기

 **실습
지도**
① 색상, 명도, 채도 등 색채의 기본 속성을 익히기 위해 가위로 색종이를 다양한 모양으로 오려서 전지에 붙인다.
② 실습의 단조로움을 피하기 위해 색종이의 모양과 크기를 달리하며 색채를 비교하며 익힌다.

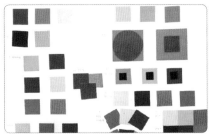
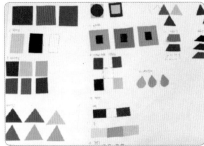

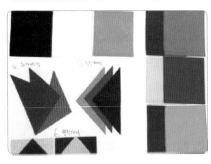
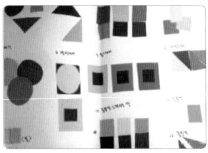

기타 다양한 모양(하트, 삼각, 직사각, 회오리 등)으로 오려 붙이기

색상, 명도, 채도 등 색채의 기본 속성 익히기 2

 준비물 색종이, 흰색 A2 전지, 가위, 풀

 실습 내용 색종이로 색상, 명도, 채도, 색상 대비, 명도 대비, 채도 대비, 계절에 따른 이미지별 색을 구별하여 A2 전지에 다양한 모양으로 오려 붙이기

 실습 지도
① 색상, 명도, 채도 등 색채의 기본 속성을 익히기 위해 가위로 색종이를 다양한 모양으로 오려서 전지에 붙인다.
② 실습의 단조로움을 피하기 위해 색종이의 모양과 크기를 달리하며 색채를 비교하며 익힌다.

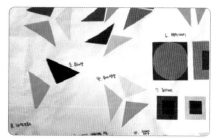
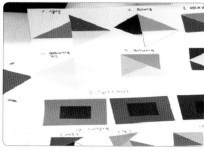

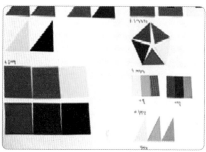

기타 다양한 모양(하트, 삼각, 직사각, 회오리 등)으로 오려 붙이기

4장

테이블 코디네이트
(table coordinate)

4장 테이블 코디네이트(table coordinate)

테이블 코디네이트 개요

1. 테이블 코디네이트의 개념

테이블 코디네이트(table coordinate)란 식탁 위에 올라오는 모든 것들의 색, 소재, 형태 등 식사에 필요한 여러 가지 물리적 요소를 목적, 주제와 분위기에 맞게 기획하고 구성하여 연출하는 것이다. 즉 음식을 담는 그릇, 잔, 식사 도구, 테이블클로스, 그 밖에 센터피스 및 기타 장식품 등을 조화롭게 표현하는 것이라고 할 수 있다.

좁은 의미로는 식사에 필요한 소품의 조화로운 배열과 정성을 다한 상차림을 준비하는 것이지만 넓은 의미로는 쾌적하고 편안한 식탁을 차리기 위해 공간과 식탁과의 조화, 균형, 관계를 고려하고 주변 장식을 한다는 뜻도 포함하고 있다.

식사를 할 때는 신체적 건강을 위한 단순한 영양 보충뿐 아니라 쾌적한 식사 환경에서 음식을 매개로 커뮤니케이션이 이루어진다. 그러므로 테이블 코디네이트는 감동이 있는 테이블을 연출

[그림 4-1] 테이블 세팅

[그림 4-2] 테이블 코디네이트

하여 요리와 먹는 사람이 전체적으로 융화를 이루게 하고, 공동체에 대한 이해와 에너지를 주어 생활에 활력을 줄 수 있도록 해야 한다.

현재 테이블 코디네이트는 지속성과 경제성을 추구하는 호텔, 레스토랑 등의 마케팅과 문화적 접근으로서의 식공간 디자인 등에 이르기까지 그 영역을 넓혀 가고 있다.

2. 테이블 코디네이트의 주요 요소

먼저 사람을 가장 우선순위에 두고 생각하고, 테이블 코디네이트의 중요한 3요소로서 시간 (time), 장소(place), 목적(objective)을 설정한 후 상황에 따른 구체적인 요소들을 고려하여 테이블을 구성한다.

(1) 기본 3요소

① T(시간)

세팅 콘셉트를 정하는 데 중요한 역할을 한다. 오전, 오후, 밤 시간과 그 사이의 간단한 티타임, 저녁 식사 후의 칵테일파티 등에 따라 테이블 웨어의 색채와 소재를 다르게 한다. 또한 어떤 콘셉트인가에 따라 가벼운 메뉴와 무거운 메뉴 등 음식이 결정되므로 시간대를 정하는 것은 매우 중요하다.

② P(장소)

먹는 장소가 실내인지, 야외인지에 따라 테이블의 형태나 크기, 세팅 방식, 서비스 방법, 분위기 연출이 달라진다.

③ O(목적)

음식을 먹는 주체가 누구인지 파악하고, 어떤 목적을 위하여 테이블 세팅을 하는지에 대한 기획 의도를 정확히 파악한 후 테이블을 연출한다.

(2) 구체적 요소(6W 1H)

'6W 1H 원칙'에 따라 테이블 세팅 방법이나 분위기 등이 달라지기 때문에 반드시 체크한 후 조건에 맞춰 작업한다.

① 누가(who)

먹는 사람의 연령층에 따라 음식의 기호와 테이블 분위기에 대한 취향이 다르다. 따라서 식사를 하는 사람의 연령층, 개인의 건강 상태 등을 고려하여 기획한다.

② 누구와(with whom)

인간관계나 행사의 특징에 따라 좌석의 상좌, 하좌 위치와 식공간을 결정하는 밀접한 관계가 있는 요소이다.

③ 언제(when : 시간)

아침·점심·저녁 1일 3식이 권장되고 있지만 개인의 상태에 따라 리듬이 변할 수 있다. 하지만 대부분은 일반적으로 아침, 점심, 저녁을 나눠 식사 시간의 균형을 맞추고 있으므로 식사 시간에 따라 음식이 경식과 중식으로 나누어지며, 이에 따라 식사 시간과 비용이 달라진다.

④ 어디서(where : 장소)

먹는 장소에 따라 서빙 방식, 테이블 형태, 커틀러리, 센터피스 등이 결정된다.

⑤ 무엇을(what : 메뉴)

상대방의 기호, 연령층, 최근 유행하는 음식 트렌드를 토대로 무엇을 먹을 것인지 메뉴를 결정한다.

⑥ 왜(why : 이유)

'무엇을 위하여 먹을 것인가?'에서 영양학적 동기, 심리적 만족과 기호적 동기, 건강 증진을 위한 동기 등을 파악한 후 음식을 매개체로 하여 상호 교류의 장을 만들어 나가기 위해 테이블 연출을 한다.

[그림 4-3] 한 공간 내의 다양한 이미지 표현

⑦ 어떻게(how)

음식을 어떻게 먹느냐에 따라 조리법, 식사 도구, 서비스가 달라진다. 즉 앉아서 서비스를 받을 것인지 셀프인지, 좌식인지 입식인지, 만찬인지 뷔페인지에 따라 사용하는 도구, 소품, 세팅 방법, 커틀러리 등이 달라지며, 또한 어울리는 배경 음악이나 연출 방법도 달라진다.

(3) 기타 요소

테이블 코디네이트는 요리의 시각적인 면뿐 아니라 미각, 청각, 촉각 등의 오감이 조화를 이룰 수 있도록 해야 한다. 음식의 시각적인 환경 전체를 100%라고 한다면 눈앞의 요리는 5%, 식기류나 소품이 30% 전후, 나머지 65%를 차지하는 것이 식공간 환경이다. 따라서 생활, 생애 주기, 각종 상황에 따른 대상의 기호를 빠르게 파악하여 테이블을 구성해야 한다.

① 생활 속의 테이블

- 물리적 영양 보급 : 배고픔을 채워 영양학적인 보급을 받는 장소이다.
- 정신적 영양 보급 : 시각적이고 감각적인 것을 통해 정신적 안정을 찾는 장소이다.
- 커뮤니케이션 장소 : 자연스러운 대화가 가능한 장소이다.
- 휴식의 장소 : 일상의 피로 및 스트레스를 풀고 여유를 즐길 수 있는 휴식 장소이다.

② 생애 주기(life-cycle)에 따른 테이블

연령대	테이블의 특징
20대	• 독신의 넉넉함, 결혼과 신혼의 달콤함 • 임신과 출산을 통한 육아 개념의 테이블 연출 • 회사 업무로 인한 남편의 늦은 귀가로 엄마와 아기가 생활의 중심이 됨
30대	• 주부 혼자만의 식사가 이루어지는 시간이 많음 • 20대의 여유와 달콤함을 느낄 수 있는 식탁 연출이 점점 줄어듦 • 간편한 비닐 커버, 깨져도 되는 그릇 등 일회용 그릇과 인스턴트 식품 사용 횟수 증가 • 자녀 위주의 식품과 요리, 소품으로 식탁이 전개됨
40대	• 양적인 충족을 위해 많은 양의 식사를 준비(자녀의 성장) • 여성들은 물리적, 정신적, 시간적 여유가 생기면서 외식의 기회가 증가하고 식기 등에도 관심을 갖게 되어 가정에서의 기본적 세팅도 가능함
50대	• 마요네즈, 케첩 등 인공 감미료나 일회용 인스턴트 식품 사용의 감소 • 가정으로 복귀한 남편과 질적으로 높은 식사 추구, 좋은 그릇을 구입할 여유가 생김 • 미식가로서 미각을 즐길 수 있음
60대	• 가장 넓은 식탁 공간이 필요함(3대 가족이 다 모여서 식사를 하기 때문에 넓은 공간이 필요) • 경제적, 시간적 여유로 여행 횟수가 늘어나고 식사 시간의 비중이 커짐 • 테이블 세팅과 식사 메뉴 결정을 위해 다양한 정보를 수집함

③ 상황에 따른 테이블
- 행사를 위한 테이블 : 환갑, 돌상, 리셉션, 각종 파티 등 단순히 먹기 위한 장소가 아닌 질적 욕구를 만족시키는 상호 이해의 장소이다.
- 초대를 위한 테이블 : 친밀함을 유지하고, 우정을 표현하기 위해 접대, 환대를 하는 장소이다.

테이블 웨어

테이블 웨어(table ware)란 테이블 세팅을 위해 필요한 식탁과 의자, 식기류, 커틀러리, 잔류, 리넨류, 소품류 등의 모든 구성 요소를 일컫는다.

[그림 4-4] 테이블 웨어

l. 식 탁

가장 일반적인 4인용 사각 식탁의 크기는 가로가 125~150cm, 세로가 86~90cm, 높이는 74~80cm 정도이다. 의자를 놓을 때에는 식탁에서 뒤의 벽까지 폭이 약 150cm 정도가 좋다.

식사를 할 때 식탁과 의자의 거리는 50cm 정도가 적당하고, 의자 뒤와 벽 사이 공간은 서빙하는 사람 등 다른 사람이 지나다닐 수 있도록 100cm 이상의 거리가 필요하다.

인원수에 따른 식탁의 크기는 [표 4-2]와 같다.

[표 4-2] 인원수에 따른 식탁의 크기

구 분	사각형			원형	
	가로	세로	높이	지름	높이
2인용	65~80cm	75~80cm	74~80cm	60~80cm	74~80cm
4인용	125~150cm	86~90cm	74~80cm	90~120cm	74~80cm
6인용	180~210cm	80~90cm	74~80cm	130~150cm	74~80cm

(1) 개인 식공간(personal table space)

① 기본 개인 식공간은 약 45×35cm의 크기이며, 한 사람의 어깨 너비인 45cm의 공간에 전체 식사 도구를 배치하도록 한다.

② 테이블 앞쪽 끝에서 약 2~3cm 간격을 두고 디너 접시(dinner plate)를 놓은 후 테이블 앞쪽 끝에서 약 3~4cm 간격을 두고 스푼, 나이프, 포크 순서로 커틀러리(cutlery)를 놓는데 나이프의 칼날은 디너 접시를 향하게 하여 약 1cm 정도 띄워서 놓는다.

③ 왼쪽 마지막 포크 위에 약 1~2cm 정도 띄워서 빵 접시를 놓고, 오른쪽 디너 접시에서 약 1~2cm 정도 위로 띄워서 글라스웨어(glass ware)를 놓는다. 물잔, 적포도주잔, 백포도주잔 순서로 잔의 볼 기준에서 약 1~2cm씩 띄워 놓는다.

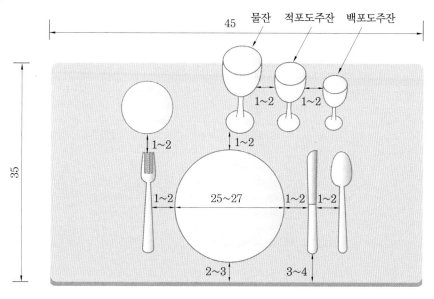

[그림 4-5] 개인 식공간(성인 남자 기준, 단위 cm)

(2) 공유 식공간(public table space)

① 식탁에서 여러 사람이 함께 식사할 때 움직이는 범위와 동작에 따른 적정 공간을 말한다. 개인 영역과 개인 영역 사이에 약 20~30cm 정도의 공유 영역이 있다.

② 옆 사람의 커틀러리와의 거리는 약 65~70cm 정도이며, 센터피스인 테이블 플라워는 공유 영역 가운데에 높이와 너비가 약 25×20cm 정도로 하여 놓는다.

③ 의자의 자리 부분의 높이와 넓이는 약 45×45cm 정도가 좋고, 식탁과 벽 사이의 공간은 150cm가 적당하다.

④ 식탁과 바닥 사이의 공간은 약 74~80cm가 적당하다.

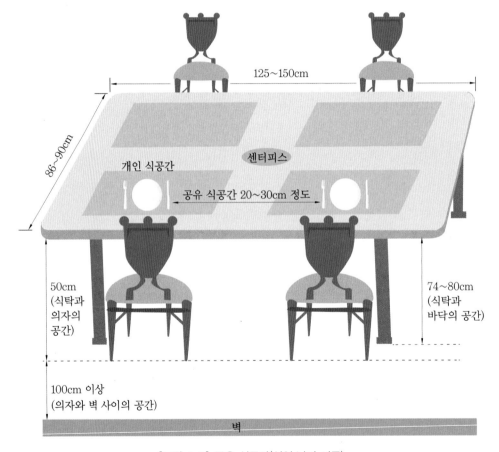

[그림 4-6] 공유 식공간(성인 남자 기준)

2. 의자(chair)

(1) 일반적인 타입

캐주얼한 식탁으로 식사 시간에만 사용하는 것에 적당하다.

(2) 등받이가 없는 타입

아침 식사나 브런치(brunch) 등 가벼운 식사를 할 때 적당하고, 편하지 않으므로 장시간 앉아 있으면 피곤할 수 있다.

(3) 편안한 타입

편안하게 앉을 수 있어 장시간 앉아 있어도 덜 피곤하고, 등받이가 크고 쿠션이 있는 의자라면 거실에서 사용해도 좋으며 팔걸이가 있는 의자라면 더욱 편리하다.

[그림 4-7] 일반적인 타입

[그림 4-8] 등받이가 없는 타입

[그림 4-9] 편안한 타입

3. 디너웨어(dinner ware)

식사를 할 때 사용하는 각종 그릇들을 총칭하는 말로 식기(食器)라고도 한다. 디너웨어(dinner ware)는 메뉴가 정해지면 가장 먼저 선택하는 것이다. 종류가 매우 다양하여 상황에 맞는 여러 가지 분위기를 연출할 수 있으며, 재질과 크기, 형태, 용도 등에 따라 다양하게 분류할 수 있다.

(1) 형태에 따른 분류

① 평면형 식기(plate ware)

깊이가 거의 없이 평평한 접시 형태의 식기를 칭한다. 접시 앞면 둘레를 림(rim)이라고 하는데, 림은 있는 것도 있고 없는 것도 있다. 림이 있는 것은 주로 정찬용으로 사용하고, 없는 것은 간단한 식사용으로 쓰며, 음식은 림 안쪽에만 담는다. 접시 뒷면 중앙에는 제조자(maker)가 적혀 있어 접시의 정보를 알려 준다.

[그림 4-10] 평면형 식기

② 입체형 식기(hall ware = deep plate)

깊이가 있는 형태의 식기로 수프나 국물이 있는 음식 등을 담는다.

[그림 4-11] 입체형 식기

(2) 용도에 따른 분류

① 서비스 접시(service plate = show plate = under plate)

- 30cm 내외의 크기이다.
- 가장 먼저 세팅되며 식사 시작부터 끝까지 세팅되어 있는 접시이다.
- 개인 접시로 사용하며 식탁 앞에서 약 1cm 간격을 두고 놓는다.
- 메뉴에 따라 다른 접시와 함께 세팅되며 장식적인 효과가 크다.

② 디너 접시(dinner plate)

- 25~27cm 내외의 보통 크기이다.
- 어류나 육류 등의 주요리 접시로 많이 사용한다.
- 서비스 접시를 대신하여 사용하기도 한다.
- 식탁 앞에서 약 2~3cm 간격을 두고 놓는다.

③ 샐러드 접시(salad plate = dessert plate)

· 21cm 내외의 크기이다.

· 아침 식사용, 파티용으로 많이 사용하며 다양한 용도로 쓴다.

· 크기와 형태가 비슷하고 1인당 1개가 필요하다.

· 메뉴에 따라 나오는 순서가 다르고 디저트 접시로 이용하기도 한다.

④ 빵 접시(bread plate)

· 15cm 내외의 크기이며 접시 중 가장 작다.

· 주로 빵을 담을 때 많이 사용하고, 디너 접시의 왼쪽에 세팅된 포크에서 1cm 간격을 두고 위쪽으로 세팅하는 것이 기본인데 때에 따라 위치는 바뀔 수 있다.

· 빵 접시를 사용하지 않고 빵이 놓일 때도 있다.

· 서비스 접시와 함께 세팅되어도 좋다.

⑤ 수프 접시(soup plate)

· 20cm 내외의 크기로 서비스 접시 위나 앞에 놓인다.

· 림(rim)이 있는 형태와 없는 쿠페(coupe) 형태로 나뉜다.

· 시각적인 효과를 주기 때문에 식탁 연출을 바꾸고자 할 때 활용하기도 한다.

⑥ 컵(cup)과 컵받침(saucer)

· 오른쪽 잔 위에 놓이는 경우가 있는데 이때는 간단한 아침이나 점심 식사를 할 때로 디너 접시와 함께 세팅된다.

· 정식에서는 식사를 마친 후 디저트와 함께 세팅된다.

4. 커틀러리(cutlery)

커틀러리(cutlery)란 식사를 하기 위해 필요한 도구로 포크(fork), 나이프(knife), 스푼(spoon) 등이 있다. 영미(英美)에서는 플랫웨어(flat ware)라고도 한다. 메뉴에 따라 사용하는 커틀러리의 종류가 달라지며, 커틀러리는 식탁의 수준을 결정하는 요소이자 음식 맛의 가치를 높이는 역할을 한다. 세팅은 안쪽부터 되지만 식사 순서에 따라 바깥쪽에서 안쪽으로 사용하도록 놓는다.

[그림 4-12] 커틀러리

나이프와 스푼은 디너 접시 오른쪽 옆에 놓고 포크는 왼쪽에 놓는다. 주식용 나이프는 육류용과 생선용에 따라 조금씩 모양이 다른데, 생선용은 육류용보다 크기가 조금 작고 칼날은 거의 없어 날카롭지 않다. 나이프의 날은 접시를 향하게 배치한다. 디저트스푼이나 포크는 디저트와 함께 나중에 내지만 처음부터 내놓는 경우도 있다.

[그림 4-13] 다양한 모양의 커틀러리

(1) 종류

① 기본 주식 요리용 : 풀코스처럼 생선 요리와 고기 요리(스테이크)로 나뉘지 않는, 격식을 차리지 않는 일반 식사 세팅에 사용하는 커틀러리로 대개 나이프, 포크, 스푼이 하나씩 놓인다. 세분화하여 디너용과 테이블용으로 나누기도 하지만 테이블용을 디너용으로 사용하는 경우도 있으며, 디너용이 테이블용보다 크기가 크다.

[종류] 디너 나이프, 디너 포크, 디너 스푼 또는 테이블(플레이스) 나이프, 테이블(플레이스) 포크, 테이블(플레이스) 스푼

디너 스푼
디너 포크
디너 나이프

[그림 4-14] 디너용

피시 포크
피시 나이프

[그림 4-15] 생선 요리용

② 생선 요리용 : 생선 요리에 사용하는 커틀러리이다. 생선을 자를 때 생선살이 흐트러지기 쉽

기 때문에 고기 요리용보다 크기가 작고 칼날이 넓게 디자인되어 있다.

[종류] 피시 나이프, 피시 포크

③ 고기(스테이크) 요리용 : 스테이크를 먹을 때 사용하는 커틀러리로 나이프 중 가장 크고 날이 뾰족하며 날카롭다.

[종류] 스테이크 나이프

④ 전채(애피타이저 · 오르되브르) 요리용 : 전채 요리를 먹을 때 사용하는 커틀러리이다. 굴 요리가 나오면 오이스터 포크를, 칵테일이 나오면 칵테일 포크를 사용하는 등 전채 요리의 종류에 따라 세팅되는 종류가 다르다.

[종류] 요리 종류에 따른 전채 나이프, 전채 포크, 전채 스푼

⑤ 샐러드용 : 샐러드를 먹을 때 사용하는 커틀러리이다. 샐러드는 보통 고기 요리를 먹을 때 따라 나오지만 전채 요리로 제일 처음에 먹기도 하기 때문에 샐러드를 언제 먹느냐에 따라 놓이는 위치가 달라진다. 고기 요리와 함께 나올 때는 샐러드용이 따로 놓이지 않고 고기 요리용 포크와 나이프를 사용하기도 한다. 샐러드는 대개 먹기 편하게 제공되지만 커다란 조각이 있을 경우에는 나이프로 잘라 먹지 말고 나이프와 포크를 이용해 한입에 먹을 수 있는 크기로 접어서 먹는다.

[종류] 샐러드 포크, 샐러드 나이프

⑥ 부용 · 수프용 : 부용이나 수프를 먹을 때 사용하는 커틀러리이다. 대체적으로 걸쭉하거나 건더기가 있는 수프를 먹을 때는 수프 스푼을 사용하고, 수프보다 맑은 부용을 먹을 때는 수프 스푼보다 작고 뜨는 부분이 동그랗게 생긴 부용 스푼을 사용한다.

[종류] 디너 · 테이블 스푼 또는 수프 스푼이나 부용 스푼

⑦ 디저트용 : 디저트를 먹을 때 사용하는 커틀러리로 제공되는 디저트의 종류에 따라 다르게 세팅된다.

[종류] 디저트 나이프, 디저트 포크, 디저트 스푼

⑧ 과일용 : 과일을 먹을 때 사용하는 커틀러리이다.

[종류] 프루트 나이프, 프루트 포크, 프루트 스푼

⑨ 음료용 : 음료를 마실 때 사용하는 커틀러리로 제공되는 음료에 따라 다르게 세팅된다.

[종류] 커피 스푼, 티 스푼, 아이스 티스푼

⑩ 요리를 덜 때 : 서빙 포크, 서빙 스푼 등

⑪ 파이나 케이크를 덜 때 : 파이 · 케이크 서버

디저트 스푼
디저트 포크
디저트 나이프

[그림 4-16] 디저트용

⑫ 액체 음식을 뜰 때 : 소스 · 수프레이들

⑬ 빵이나 케이크 등을 자를 때 : 브레드 나이프, 케이크 나이프 등

⑭ 치즈나 버터를 잘라 빵에 발라 먹을 때 : 버터나이프는 버터를 잘라서 빵 접시에 덜어 올 때 쓰는 것이고, 버터 스프레더는 버터를 빵에 바를 때 사용하는 것인데, 버터 스프레더가 없을 경우에는 버터나이프를 이용한다.

종류 버터나이프, 버터 스프레더, 치즈 나이프

5. 글라스웨어(glass ware)

글라스웨어(glass ware)는 음료 도구를 총칭하며, 기본적으로 테이블 오른쪽 커틀러리보다 위쪽에 올바른 형태로 사용하기 편리하게 세팅한다.

잔은 립(lip = rim : 입이 닿는 가장자리), 볼(bowl = body : 몸통), 스템(stem : 다리), 베이스(base : 받침)로 부위가 나뉘는데 스템은 있는 것과 없는 것이 있다.

잔은 볼의 형태에 따라 삼각형, 다이아몬드형, 사각형, 일렬형, 대각선형 등 여러 종류가 있으며 세팅에 따라 다양하게 사용된다.

[그림 4-17] 글라스웨어

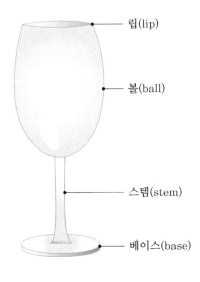

[그림 4-18] 잔의 부위별 명칭

(1) 종류

① 물잔(water glass)

기본적으로 물을 마시는 잔으로 다리가 없는 것이 대부분이나 상황에 따라 다리와 받침이 있는 고블릿(goblet) 등을 쓰기도 한다.

② 포도주잔(wine glass)

포도주는 볼의 3분의 1까지만 따라서 스템 부분을 잡고 마시는 것이 좋다. 적포도주잔이 백포도주잔보다 조금 크다.

③ 샴페인잔(champagne glass)

짧은 볼을 가진 납작한 형태는 쿠페(coupe) 또는 소서(saucer)라고 하며, 긴 볼을 가진 뾰족한 형태는 플루트(flute)라고 한다.

④ 셰리잔(sherry glass)

식전주나 디저트 포도주잔으로 사용한다.

[그림 4-19] 다양한 형태의 잔 : 포도주잔(상좌), 물잔(상우), 물잔(하좌), 음료잔(하우)

⑤ 맥주 및 주스잔

고블릿이나 필스너(pilsner), 텀블러(tumbler) 등을 사용한다.

⑥ 리큐어잔(liqueur glass)

리큐어를 마실 때 사용하는 잔으로 코디얼잔(cordial glass)이라고도 부른다.

⑦ 칵테일잔(cocktail glass)

식전에 술을 마실 때나 칵테일용으로 여러 가지로 형태가 있지만 역삼각형 볼에 스템이 달린 것이 기본 형태이다. 마티니잔(martini glass)이라고도 한다.

⑧ 브랜디잔(brandy glass)

브랜디를 마실 때 사용하는 잔으로 브랜디 향이 날아가는 것을 막기 위해 다리가 짧고 입구가 튤립 모양으로 오므라진 형태이다. 스니퍼(snifter) 또는 나폴레옹잔(napoleon glass)이라고도 한다.

⑨ 디캔터(decanter), 카라프(carafe)

디캔터는 와인을 옮겨 담기 위해 쓰는 도구로 적포도주나 식탁용 와인을 담기에 좋으며, 카라프는 유리 물병으로 디캔터와 같은 용도로 사용한다.

| 셰리잔 | 샴페인잔(쿠페) | 샴페인잔(플루트) | 고블릿 | 텀블러 | 브랜디잔 | 리큐어잔 | 칵테일잔 |

[그림 4-20] 잔의 종류

(2) 세팅

① 잔별 세팅 방법
- 물잔 : 식사를 시작할 때부터 끝날 때까지 세팅되어 있다.
- 포도주잔 : 물잔 오른쪽으로 약 1~2cm 간격을 두고 적포도주잔, 백포도주잔 순서로 세팅된다.
- 샴페인산 또는 셰리잔 : 물잔과 포도주잔과 같은 선상의 제일 마지막 위치에 세팅된다.

② 잔 세팅 시 주의 사항
- 가능한 한 덜 만지되 가장자리는 만져서는 안 된다.

- 엄지손가락, 집게손가락 및 가운뎃손가락으로 단단히 잡는다.
- 사용 목적에 따라 테이블에 똑바로 세팅한다.
- 물잔은 디너 나이프보다 2.5cm 높게 배치하며, 물잔 세팅을 기본으로 나머지 잔을 옆에 나란히 세팅한다.

(3) 관리 방법

글라스웨어는 기름기 있는 손이나 행주가 닿으면 뿌옇게 변해 버린다. 테이블에 세팅하기 전에 미지근한 물로 다시 한 번 씻어서 마른 행주로 닦으면 광택이 난다. 사용하고 난 후에도 곧바로 닦아 얼룩이 지지 않을 정도로 손질에 신경을 써야 한다.

① 중성세제를 푼 미지근한 물에 글라스 전용 스펀지나 브러시로 깨끗하게 닦고 미지근한 물로 헹군 후 물기를 빼서 말린 다음에 마른 행주로 닦아야 한다.
② 말릴 때에는 포개어 말리지 않는 것이 좋다. 물로만 닦으면 잔여물이 남거나 물기가 잘 제거되지 않아 흔적이 남게 된다.
③ 장식이 있는 부분에는 식초나 레몬, 소금을 합한 것을 묻혀서 문지르면 깨끗하게 닦인다.
④ 다리가 있는 글라스는 다리 부분을 손가락 사이에 끼워 부드럽게 씻어서 말려 닦아 준다.

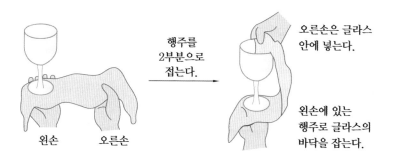

행주를
2부분으로
접는다.

오른손은 글라스
안에 넣는다.

왼손에 있는
행주로 글라스의
바닥을 잡는다.

왼손   오른손

① 오른손의 행주로 글라스를 뿌드득 뿌드득 회전시키면서 닦는다.
② 다리 부분과 바닥을 닦고, 행주로 글라스를 잡은 채 수납한다.

몸통 부분은 맨손으로
잡지 않도록 한다.

다리 또는 바닥 부분을
잡도록 한다.

[그림 4-21] 잔 닦는 요령

6. 리넨(linen)

본래 리넨(linen)은 아마 실로 짠 직물을 통틀어 이르는 말인데, 테이블 세팅에서는 언더클로스 (under cloth), 테이블클로스(table cloth), 플레이스매트(place mat), 테이블러너(table runner), 도일리(doily), 냅킨(napkin) 등 식사할 때 쓰는 여러 가지 천 종류를 총칭하는 말로 사용한다.

[그림 4-22] 테이블클로스

(1) 언더클로스(under cloth)

주가 되는 테이블클로스를 깔기 전에 까는 것으로 짧고 두께감이 있는 부직포나 융을 사용하며, 언더클로스를 깔면 커틀러리를 놓을 때의 감촉도 부드럽고, 식탁의 소음과 미끄럼을 방지한다고 하여 사일런스클로스(silence cloth) 또는 테이블패드(table pad)라고도 한다. 식탁보다 약간 크게 맞추는 것이 좋으며, 평평하게 깔아야 테이블클로스를 깔았을 때 반듯하고 예쁘게 모양이 잡힌다.

(2) 테이블클로스(table cloth)

테이블 세팅 시 가장 기본이 되는 깔개로 마(리넨)가 가장 격식 있는 소재이다. 마는 물에 빨아도 쉽게 상하는 일이 없고 열에도 강하여 다림질에도 끄떡없으며, 실의 굵기나 짜는 방법에 따라 두께를 다양하게 연출할 수 있다는 장점이 있다. 하지만 감촉이 독특하고 편안한 반면 주름이나 구김이 잘 생기기 때문에 깔기 전에 반드시 다림질을 해 주어야 한다. 세탁을 하면 손상되거나 변색될 수 있으므로 일부를 빨아 본 후 전체를 세탁한다. 세탁한 후 반쯤 건조되었을 때 주름을 펴서 말리면 다림질하기가 쉽다.

정찬의 경우에는 흰색 계열의 천이나 레이스로 된 것을 사용하고, 일상적인 경우에는 프린트가 있는 식탁보나 한눈에 띄는 컬러풀한 것을 사용하기도 한다. 프린트가 있는 것을 이용할 때에는 식기나 소품들과 자연스럽게 어울리게 해 줄 수 있는 것을 사용한다. 또한 크기를 달리하여 다음과 같이 다양한 분위기를 연출할 수 있다.

① 격식을 차리지 않은(casual) 일상적인 분위기 : 테이블 양옆으로 약 25cm가 내려오는 길이로 하여 테이블클로스가 무릎 위에 닿을 정도로 연출한다.

② 격식을 차린(formal) 분위기 : 테이블 양옆으로 약 45cm가 내려오는 길이로 하여 테이블클로스가 다리에 닿을 정도로 연출한다.

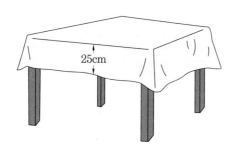

[그림 4-23] 일상적인 분위기

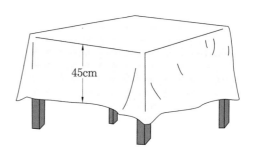

[그림 4-24] 격식을 차린 분위기

③ 격식을 차린(formal) 분위기의 풀클로스(full cloth) : 테이블 양옆으로 약 68cm가 내려오는 길이로 하여 테이블클로스가 식탁 다리를 다 덮을 정도로 연출한다.

[그림 4-25] 격식을 차린 분위기의 풀클로스

(3) 플레이스매트(place mat)

테이블클로스를 깔지 않고 세팅할 때 사용하는 여러 종류의 매트를 총칭하여 플레이스매트(place mat)라고 한다.

혼잡한 식탁에서 공간을 넓히고, 뜨거운 것을 받치는 패드 역할을 하며, 자수가 들어간 원단이나 레이스, 리넨 등으로 연출하여 우아한 분위기를 나타내 식탁의 아름다움을 강조한다. 정찬에서는 보통 사용하지 않는다.

[그림 4-26] 플레이스매트

 다양한 모양의 직조 매트 만드는 법

① 두꺼운 종이에 다양한 겉모양을 미리 그려 알맞은 크기로 재단한 후 리본을 한 방향으로 두른다.
② 뒤쪽은 테이프로 고정한다.
③ 다른 리본을 수직 방향으로 지그재그로 엮는다.
④ 격자무늬가 나오도록 위아래로 리본을 교차하여 엮는다.
⑤ 매트를 완성한다.

바둑 모양

넥타이 모양

수박 모양

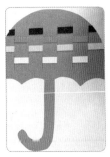

우산 모양

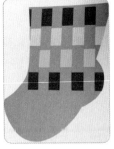

버선 모양

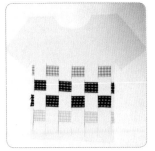

티셔츠 모양

[그림 4-27] 다양한 모양의 직조 매트

요즘에는 테이블클로스와 함께 사용하기도 하는데, 이런 경우에는 매트와 식기의 색이 조화를 이루게 하며, 되도록 잔까지 매트 안으로 들어오게 세팅한다.

[표 4-3] 크기에 따른 매트의 용도

구 분	점심(lunch)용	저녁(dinner)용	음료(tea)용
크기(가로×세로)	45×33cm	50×36cm	40×29cm
특 징	보통 크기로 아침·점심 식사에 좋다.	큰 디너 접시가 놓일 수 있는 크기이다.	케이크와 커피 접시가 놓일 수 있는 정도의 크기.

(4) 테이블러너(table runner)

식탁 중앙을 가로지르게 올려 두어 길게 늘어뜨리는 것으로 비교적 폭이 좁고 길이가 긴 것이 많다. 요즘은 식탁 중앙에 장식용으로 놓거나 자리를 제한하기 위해 가로질러 놓거나 테마를 위해 사용하는 등 자유롭게 활용한다. 격식이 있는 분위기에서보다는 일상적인 분위기에서 더 자유롭게 세팅할 수 있다.

무늬가 없는 테이블클로스에는 무늬가 있는 테이블러너가 어울리며, 반대로 무늬가 있는 테이블클로스에는 무늬가 없는 테이블러너가 잘 어울린다. 실크 소재는 호화로운 분위기를, 무늬를 넣은 태피스트리(tapestry)는 격식 있는 분위기를 연출할 수 있다.

(5) 도일리(doily)

레이스나 자수가 놓인 것이며, 사방 10cm 크기로 작게 만들어진 플레이스매트의 일종이다. 주로 접시 위, 겹쳐진 자기나 칠기 사이에 두어 접시와 접시 사이의 마찰 시 부딪히는 소리를 방지한다.

[그림 4-28] 테이블러너

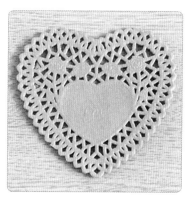

[그림 4-29] 도일리

(6) 냅킨(napkin)

우리나라의 식생활에서는 많이 사용하지 않았지만 현대에 들어 생활 수준의 향상에 따라 점차 사용 빈도가 높아져 최근에는 흔히 사용하고 있다. 테이블클로스와 매치하여 원하는 분위기를 연출할 수 있어 장식 효과도 있지만 입에 닿는 것이므로 화려한 장식보다는 청결이 우선이다.

테이블클로스와 같은 소재로 준비하는 것이 좋고, 식기의 색에 맞추어 선택하며, 한 번 접은 것은 청결을 위해 다시 접지 않는다. 냅킨의 종류에는 점심용, 저녁용, 티타임용, 칵테일용, 호텔용, 가정용 등이 있다.

접혀 있는 모양을 유지하기 위해 여러 가지 색과 디자인의 냅킨링(napkin ring) 또는 냅킨홀더(napkin holder)를 사용하기도 하는데, 이는 가정적인 분위기에서 사용하는 것이 좋으며 화려한 분위기에는 어울리지 않는다.

[표 4-4] 크기에 따른 냅킨의 용도

구 분	점심(lunch)용	저녁(dinner)용	음료(tea)용	칵테일(cocktail)용
크기(가로×세로)	40×40cm	50×50cm	20×20cm	15×15cm
특 징	• 아침, 점심 식사 때 사용 • 캐주얼한 면, 마, 폴리에스테르 등을 주로 이용	• 정찬 자리에서는 보다 큰 냅킨을 사용 • 다마스크 직물, 자수, 레이스를 이용	• 레이스나 자수가 들어간 얇은 소재를 사용	• 음료를 받을 때 사용하는 것으로 편리하게 페이퍼 냅킨을 주로 이용

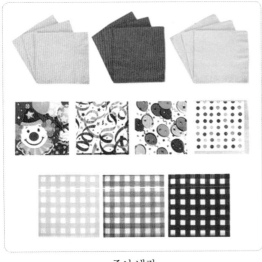

종이 냅킨

천 냅킨

[그림 4-30] 냅킨의 종류

냅킨 접는 법

(1) 주교관

① 냅킨을 수평으로 반 접어 접힌 쪽 귀퉁이를 삼각 모양으로 접는다.

② 반대 방향도 삼각 모양으로 접어 평행 사변형을 만든다.

③ 사변형 중심을 바깥쪽으로 접는다.

④ 삼각형 꼭지가 펼쳐지도록 앞뒤를 만든다.

⑤ 삼각형 꼭지를 중심으로 앞뒤를 접어 귀퉁이를 서로 끼운다.

⑥ 가운데를 세워 완성한다.

[그림 4-31] 주교관 냅킨 접기

(2) 연꽃

① 네 개의 꼭짓점이 중앙에 모이도록 접는다.

② 뒤집어 귀퉁이가 중앙에 오도록 한 번 더 접는다.

③ 중앙을 한 손으로 누르고 꽃잎 모양을 매만진다.

④ 뒤편에 있는 꽃잎 받침을 앞으로 펴서 완성한다.

[그림 4-32] 연꽃 냅킨 접기

(3) 부채

① 냅킨을 접어 주름을 잡는다.

② 냅킨링을 만들어 아래에 끼운 후 위쪽을 펼쳐 부채를 만든다.

[그림 4-33] 부채 냅킨 접기

(4) 셔츠

① 네 개의 꼭짓점이 중앙에 모이도록 접는다.

② 양쪽 모서리를 중심선 쪽으로 직사각형이 되도록 접는다.

③ 한쪽 모서리를 약간 뒤로 접는다.

④ 뒤로 접은 양쪽 끝부분이 중심선에 오도록 옷깃 모양을 접는다.

⑤ 아래쪽이 날개처럼 펼쳐지도록 양쪽 끝을 밖으로 접는다.

⑥ 아랫부분을 접어 올려 셔츠의 옷깃 부분 밑으로 넣어 고정한다.

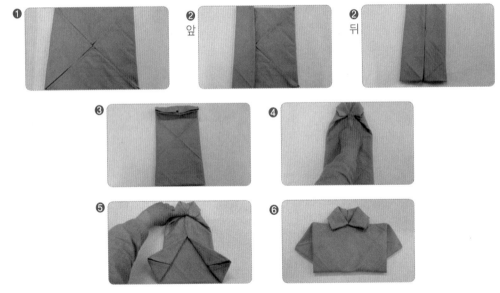

[그림 4-34] 셔츠 냅킨 접기

(5) 토끼 귀

① 냅킨을 삼각형 모양으로 반 접는다.

② 밑변으로부터 주름을 잡기 시작한다.

③ 끝까지 주름을 잡아 끝을 중앙에 오도록 한다.

④ 끝부분을 잡고 5 대 3의 비율로 반으로 접어서 긴 쪽으로 동그랗게 말아 올린다.

⑤ 말아 올린 부분이 아래에 오도록 하여 접시에 놓는다.

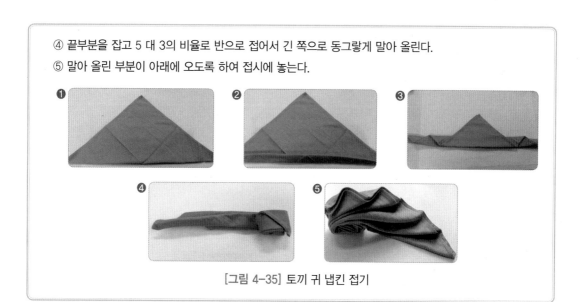

[그림 4-35] 토끼 귀 냅킨 접기

(7) 컵받침(coaster)

컵받침은 컵을 받쳐 놓는 것으로 컵의 표면에서 물이 흘러내려 식탁에 묻는 것을 방지하고 컵의 미끄러짐 또한 방지해 준다.

[그림 4-36] 컵받침의 종류

 컵받침 만드는 법

① 두꺼운 종이를 알맞은 크기(10×10cm)로 재단한다.

② 다양한 모양과 색으로 리본의 디자인을 잡은 후 글루건을 이용하여 두꺼운 종이에 붙인다.

③ 두꺼운 종이를 10×10cm의 크기보다 조금 작게 잘라 글루건을 이용하여 뒷면에 깨끗하게 붙인다.

플레이스매트 만들기

준비물
- 학교 : 글루건과 종이심, 콘센트(조별 1개씩)
- 개인 : 이미지별 A2 색 마분지 5장, 풀, 가위, 칼, 접착제 또는 글루건, 각종 리본

실습 내용

이미지에 맞추어 플레이스매트 만들기

실습 지도

① 색 마분지 위에 다양한 모양의 모형을 먼저 연필로 그린 후 자른다.
② 색 마분지를 끼울 때 시작하는 곳과 끝나는 곳을 중간 중간 접착제 또는 글루건으로 붙인다.

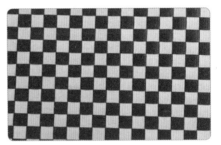

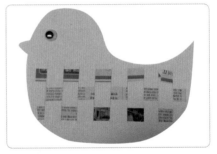
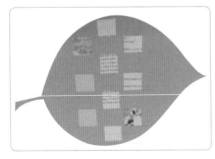

기타

용도에 맞게 다양한 모양과 이미지로 꾸며 보기

다양한 모양의 냅킨 접기

 준비물
- 학교 : 냅킨 1인당 2개씩(색깔별)
- 개인 : 냅킨링, 색마분지 2장

 실습 내용

냅킨과 냅킨링을 이용하여 다양한 모양으로 냅킨 접기

 실습 지도

모양별 냅킨 접기(돛단배, 쌍부채, 부채, 주교관, 토끼 귀, 셔츠, 연꽃 등)

 기타

색마분지는 배경으로 밑에 깔고 완성된 냅킨을 만드는 단계별로, 모양별로 사진 촬영

실습

냅킨링 만들기

 준비물 휴지 종이심, 개인당 1종류 이상 리본, 글루건 또는 접착제, 가위

 실습 내용 이미지 콘셉트에 맞추어 냅킨링 만들기

 실습 지도
① 휴지 종이심을 4cm 크기로 자른다.
② 종이심에 리본을 돌려 글루건으로 고정한 다음 계속 돌려 감싼 후 마무리한다.
③ 각종 리본을 다양한 모양으로 디자인하여 글루건으로 ②에 붙여 완성한다.

기타 매트, 냅킨링, 컵받침은 콘셉트에 맞게 디자인하여 꾸미기

실습

컵받침 만들기

 준비물

두꺼운 색종이 2장, 마분지 1장, 각종 리본, 글루건 또는 접착제, 가위

 실습 내용

이미지에 맞게 컵받침 만들기

 실습 지도

① 마분지를 가로세로 10cm로 자른다.
② 색깔별 종이는 가로세로 12cm씩 잘라 마분지 위에 다양한 모양으로 덮어 글루건으로 고정한다. 리본으로 다양한 모양과 디자인을 구성하여 완성한다.

기타

수업 시간에 만든 완성 작품들은 중간 과정이 함께 들어가게 하여 PPT로 만들어 리포트 제출

식공간 이미지 연출과 테이블 세팅

1. 식공간 이미지

색이 인간에게 미치는 효과는 실로 무한하며, 우리는 색이 없는 생활이란 생각할 수 없을 정도로 늘 다양한 색상을 접하는 환경에서 살아가고 있다.

식생활과 밀접한 관련이 있는 식공간에서도 역시 색은 빠질 수 없는 존재이다. 사람은 색을 인식하고 일상에서 경험한 일들을 연상(어떤 관념이 다른 관념을 불러일으키는 현상)하는 과정에서 독특한 이미지를 갖게 되는데, 이러한 이미지를 활용하여 상황에 맞는 식공간을 연출할 수 있다.

전체가 통일되어 얼마나 자연스러운지에 따라 분위기가 좌우되기 때문에 멋스러운 식공간과 식생활을 위해 다양한 이미지로 조화를 이루는 테이블 코디네이트가 이루어져야 한다.

[그림 4-37] 배색 이미지 스케일 보는 방법

2. 이미지별 식공간 연출

(1) 클래식한(classic) 이미지

영국 스타일의 원숙미와 양식미를 떠오르게 하고, 성숙한 느낌을 연출하며, 깊이감과 안정감이 있다. 세련되고 화려하며, 고전적이고 유행을 타지 않는 운치 있는 이미지를 말한다. 품위 있고 격조 높은 이미지를 연상케 하며, 전통적이고 고급스러우며 중후한 느낌을 준다. 통일과 조화로운 구성에 중점을 두어야 하며, 풍요로움을 가져 윤리적이고 여유가 있는 사람들이 추구한다.

① 색채
레드와인, 네이비블루 등의 어둡고 깊은 색, 금색 계열

② 리넨류
다마스크 직물, 실크, 벨벳, 금빛 레이스 소재

③ 식기류
다양한 금색 장식, 고급스럽고 고전적인 가장자리 무늬가 들어간 것

④ 커틀러리
직선적이고 중후하며 고급스러운 손잡이를 가진 순은 또는 도금 장식이 된 것

[그림 4-38] 클래식한 이미지

[그림 4-39] 클래식의 색채

(2) 엘리건트(elegant) 이미지

프랑스 스타일의 양식미를 이미지화하여 세련된 여성을 연상케 한다. 기품 있고 아름다움을 연상시키는 이미지를 말하며, 부드러운 곡선과 섬세함으로 품위가 돋보인다. 균형이 잡혀 경박스

럽지 않고 고급스럽다. 또한 우아하고 탄력적으로 운치 있는 스타일로 더욱 세련되어 보인다. 채도가 높고 강렬한 색은 부적합하고, 보라 계열의 색을 사용하면 세련되고 밝으며, 그레이시한 색이 효과적이다.

① 색채 : 보라, 분홍 계열

② 리넨류 : 면, 실크, 레이스 소재

③ 식기류 : 은 소재로 곡선미가 있으며, 추상 무늬 등 다양한 장식이 들어간 것

④ 커틀러리 : 우아하고 여성적이며 잔잔한 무늬가 들어간 것

[그림 4-40] 엘리건트한 이미지

[그림 4-41] 엘리건트의 색채

(3) 로맨틱한(romantic) 이미지

순수한 소녀의 생기발랄한 이미지를 띠며, 부드럽고 귀여우며 아기자기한 스타일로 감미롭고 서정적이다. 또한 온화하고 섬세하고 달콤하며 가볍고 사랑스럽다. 낭만주의, 가련하고 꿈같은 분위기를 원하는 사람들이 추구한다. 파스텔 계열 색상을 많이 사용하며, 흰색과 같이 배열하면 순수하고 청초한 느낌을 받을 수 있다. 단, 탁색과 배색하는 것은 피한다.

① 색채 : 베이비핑크, 베이비옐로, 베이비블루, 파스텔 계열

② 리넨류 : 레이스나 시폰 등 투명한 느낌이 나는 가벼운 소재

③ 식기류 : 스테인리스 소재에 연한 꽃무늬 장식이 들어간 것

④ 커틀러리 : 가볍고 귀여운 것

[그림 4-42] 로맨틱한 이미지

[그림 4-43] 로맨틱의 색채

(4) 캐주얼한(casual) 이미지

개방적이고 가벼우며, 생기 있는 일상적인 스타일로 밝고 친해지기 쉬우며 자유롭다. 규칙에 얽매이지 않고 발랄하고 재미있으며, 열정적이고 화사하며 생생하고 선명한 색을 많이 사용한다. 웜 캐주얼, 쿨 캐주얼, 하드 캐주얼로 나눠 다양한 식탁 연출이 가능하다. 밝은 색에서 어두운 색, 탁색에서 순색까지 폭넓게 배색할 수 있고 채도가 높은 맑은 색이 중심이다.

① 색채 : 화이트, 노랑, 오렌지, 민트블루, 빨강 등

② 리넨류 : 유색 소재

③ 식기류 : 플라스틱, 나무, 자기, 유리 등의 소재에 꽃무늬나 줄무늬가 들어간 것

④ 커틀러리 : 다양한 소재를 사용

[그림 4-44] 캐주얼한 이미지

[그림 4-45] 캐주얼의 색채

(5) 에스닉한(ethnic) 이미지

특정 나라의 문화를 반영하여 이국적이고 토속적인 강렬한 스타일로 여러 민족의 의상, 생활 풍습, 장신구 등에서 영감을 얻어 발전하였다. 아프리카, 동남아시아, 남미 등의 민족성과 종교적 느낌이 많이 나타나며, 투박하고 거친 느낌이 많이 든다. 동양적인 오리엔탈리즘을 의미하기도 한다.

① 색채 : 블랙, 브라운, 천연 과일색

② 리넨류 : 대나무 등 향토적인 소재

③ 식기류 : 나무, 상아 등 자연적인 소재로 화려한 문양이 들어간 것

④ 커틀러리 : 자연적인 소재를 모티브로 한 이국적인 것

[그림 4-46] 에스닉한 이미지

[그림 4-47] 에스닉의 색채

(6) 내추럴한(natural) 이미지

자연스러운 느낌을 강조하며, 시각적으로 부드러운 색이다. 마음이 편안해지는 소박한 분위기의 스타일로 차가운 느낌의 모던한 이미지와는 대조적이게 온화하고 정겨우며 부드럽다. 말 그대로 자연을 느끼게 하고 기분 좋은 이미지이며 부담스럽지 않다. 인간 본연의 순수함을 나타내어 자연을 회복하려는 뜻이 담겨 있다. 밝은 청색과 밝은 탁색의 조합이 내추럴한 느낌을 주며, 백색과 배합하면 청설한 느낌이 증가한다.

① 색채 : 베이지, 브론즈, 아이보리, 시나몬, 그린 계열

② 리넨류 : 질감을 살린 천연 소재나 수공예로 만들어진 소재

③ 식기류 : 나무 소재에 자연적인 무늬가 들어가 있거나 무늬가 없는 것

④ 커틀러리 : 자연적이며 소박한 질감을 가진 것

[그림 4-48] 내추럴한 이미지

[그림 4-49] 내추럴의 색채

(7) 심플한(simple) 이미지

단순하고 깔끔하며, 상쾌하고 생생하게 있는 그대로의 스타일로 깨끗하고 산뜻하며 블루나 화이트를 바탕으로 하여 차가운 색과의 조화가 많아 경쾌하고 젊은 분위기이다. 불필요한 장식을 없애고 통일감 있게 연출한다. 청색 계열은 너무 차갑기 때문에 채도가 높은 맑은 색을 중심을 배색하여 나타낸다.

① 색채 : 화이트, 블루 계열

② 린넨류 : 자연적인 소재나 아크릴 소재

③ 식기류 : 무늬가 없거나 직선, 체크 등의 단순한 무늬가 들어간 것

④ 커틀러리 : 단순하며 현대적인 디자인의 것

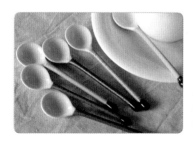  

[그림 4-50] 심플한 이미지

[그림 4-51] 심플의 색채

(8) 모던한(modern) 이미지

합리적인 멋을 추구하는 현대 시대를 반영하는 인공적인 스타일로 도시적이고 날카롭다. 검정, 흰색, 회색 등 무채색을 중심으로 대비하여 세련되지만 기계적인 느낌이다. 다크블루톤을 강하게 하면 하이테크적인 느낌이 강해지며, 난색 계열과 무채색을 사용하면 역동적인 느낌이 강해진다.

① 색채 : 검정, 그레이, 화이트 계열

② 리넨류 : 직선적이고 단순한 소재

③ 식기류 : 스테인리스 소재나 흰색 계열의 자기 소재

④ 커틀러리 : 소재가 특이하고 디자인이 독특한 것

[그림 4-52] 모던한 이미지

[그림 4-53] 모던의 색채

실습

콘셉트에 따른 이미지 연출

 준비물　　헌 잡지책, A2 컬러 전지, 풀, 가위, 칼

 실습 내용　　이미지 콘셉트를 정하여 주제에 맞게 헌 잡지책에서 다양한 모양들을 찢은 후 오려 붙이기

기타　　이미지에 맞게 다양한 콘셉트로 구성

테이블 세팅 개요

식사를 하기 위해 식탁을 전체적으로 세팅하는 것을 테이블 세팅(table setting)이라고 하며, 테이블 세팅 시 식기들을 식탁에 배열하는 것을 플레이트 세팅(plate setting)이라고 한다.

테이블을 세팅할 때는 대화를 유도할 만한 아이템이나 쉽게 얻을 수 있는 소재를 사용하고, 동색이나 보색 계열의 색상을 선택하며, 단조로움 속에 주제가 되는 강조색을 결정하여 전체적인 구성의 조화미를 느낄 수 있도록 한다.

최근에는 실제로 식사를 하기 위한 테이블 세팅이 아닌 상품 디스플레이나 특정 이벤트 등을 목적으로 장식적인 기능을 강조하는 테이블 세팅도 급증하고 있다.

[그림 4-54] 테이블 세팅

I. 테이블 세팅 순서 및 방법

(1) 언더클로스 깔기

테이블클로스의 아래에 까는 언더클로스는 움직이지 않도록 테이블의 밑면에 테이프나 핀 등으로 고정해 둔다.

(2) 테이블클로스 깔기

① 사각형 탁자인 경우 중심선(다리미의 접는 선)이 테이블 중앙에 오게 세팅한다. 이때 네 방향으로 내려온 테이블클로스의 길이가 서로 맞아야 한다.

② 원형 탁자인 경우는 길게 내려온 테이블클로스의 모서리가 탁자 다리 쪽에 가도록 한다.

③ 테이블클로스 위에 테이블러너나 플레이스매트를 깐다.

[그림 4-55] 다양한 테이블 세팅(실습 작품)

(3) 접시 세팅

① 앉는 자리를 기준으로 테이블 끝에서부터 2cm 정도 간격을 두고 접시를 놓는다.

② 접시를 잡을 때 손가락이 표면에 직접 닿으면 접시가 더러워질 수 있으므로 주의한다.

(4) 커틀러리 세팅

① 접시를 가운데에 두고 오른쪽에 스푼과 나이프(칼날을 안쪽으로 향하게 한다), 왼쪽에 포크를 놓는다.

② 접시와 커틀러리의 간격은 손가락 한 마디가 들어갈 정도(약 1~2cm 정도)가 적당하다.

(5) 빵 접시와 버터나이프 세팅

① 빵 접시는 왼쪽에 놓고, 버터나이프는 빵 접시 위 오른쪽에 세팅한다.

② 버터나이프는 빵 접시 위에 가로로 세팅해도 되며, 경우에 따라서 빵 접시를 생략하기도 하는데, 이는 테이블에 직접 빵을 놓아도 될 만큼 테이블클로스가 청결하다는 의미이기도 하다.

(6) 센터피스 장식

① 테이블을 3등분한 가운데 부분에 들어갈 만한 크기의 것으로 하고, 높이는 맞은편에 앉은 사람의 얼굴이 제대로 보이고 방해를 받지 않는 정도로 한다(테이블로부터 높이 25~30cm를 넘어서선 안 된다).

② 중앙에 장식하는 것이 여의치 않을 경우에는 벽에 가까운 가장자리에 꾸미거나 또는 방해를 받지 않는 위치에 장식한다.

③ 경우에 따라서는 생략하기도 한다.

[그림 4-56] 센터피스 장식

(7) 촛대와 식탁 소품류 장식

① 저녁 식사라면 양초를 준비하면 좋다.

② 꽃 등과의 조화를 고려하여 센터피스에 높이가 없으면 양초로 높이를 연출한다. 그 반대로 센터피스에 높이가 있다면 낮은 양초로 높낮이를 확실히 연출하는 편이 좋다.

③ 식사를 방해하지 않는 위치에 작은 장식품을 배치한다. 보통은 여유가 있는 공간에 조화롭게 세팅한다.

④ 손님을 초대하는 자리에서는 좌석을 안내하는 네임 카드, 메뉴를 미리 알려 주는 메뉴 카드를 놓아도 좋다. 카드는 직접 만드는 것이 정성스러워 보인다.

[그림 4-57] 촛대

(8) 냅킨 세팅

전체적으로 테이블에 장식이 많은 경우에는 냅킨을 심플하게 접어, 중앙의 서비스(디너) 접시 또는 빵 접시 위에 자연스럽게 놓는다.

(9) 잔 세팅

① 깨지기 쉬운 물건이기 때문에 테이블 세팅 마지막에 다루는 것이 좋다.

② 잔은 오른손으로 사용하기 쉽게 중심보다 오른쪽에 세팅한다.

③ 나오는 음료의 순서에 따라 손에서 가까운 곳부터 배치한다.

④ 잔을 세팅할 때에는 지문 등으로 더러워지지 않도록 다리 부분을 잡는다.

테이블 세팅 순서

 준비물
- 학교 : 냅킨, 양식과 한식 기본 식기
- 개인 : 테이블웨어, 커틀러리, 디너웨어, 핑거푸드, 센터피스 등 테이블 세팅에 필요한 준비물

실습
내용 조별로 테마별 테이블 세팅 및 핑거푸드 요리 실제 연출

 실습
지도 테이블 세팅 시 리넨류, 디너웨어, 커틀러리, 테이블 웨어, 센터피스 등을 순서에 따라 연출한다.

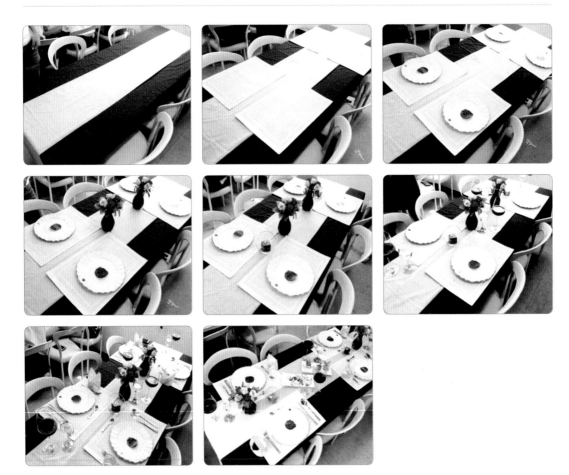

기타 테이블 세팅 시 소품을 놓는 순서는 경우나 상황에 따라 바뀔 수 있다.

테이블 코디네이트 실제 연출 1

 실습

준비물
- 학교 : 냅킨, 양식과 한식 기본 식기
- 개인 : 테이블웨어, 커틀러리, 디너웨어, 센터피스 등 테이블 세팅에 필요한 준비물

실습 내용
조별로 테마별 테이블 세팅 및 핑거푸드 요리 실제 연출

실습 지도
수업 시간에 실습하면서 만든 소품(냅킨, 플레이스매트, 컵받침, 냅킨링 등)을 활용하여 테이블을 이미지와 콘셉트에 맞게 연출한다.

기타
실습 첫 단계인 색체의 기본 속성 익히기부터 마지막 단계인 테이블 연출까지 전 과정을 동영상으로 만들어 PPT 자료로 제출

실습 테이블 코디네이트 실제 연출 2

 준비물
• 학교 : 냅킨, 양식과 한식 기본 식기
• 개인 : 테이블웨어, 커틀러리, 디너웨어, 센터피스 등 테이블 세팅에 필요한 준비물

실습 내용
조별로 테마별 테이블 세팅 및 핑거푸드 요리 실제 연출

 실습 지도
수업 시간에 실습하면서 만든 소품(냅킨, 플레이스매트, 컵받침, 냅킨링 등)을 활용하여 테이블을 이미지와 콘셉트에 맞게 연출한다.

 기타
실습 첫 단계인 색체의 기본 속성 익히기부터 마지막 단계인 테이블 연출까지 전 과정을 동영상으로 만들어 PPT 자료로 제출

센터피스와 테이블 플라워

1. 센터피스(centerpiece)

(1) 센터피스 개요

센터피스(centerpiece)란 테이블 중앙이나 적당한 위치에 장식하는 초, 채소, 과일, 꽃, 소품 장식 등을 칭한다. 중세 유럽의 상류 계층들이 고급 식기나 값비싼 장식품들을 테이블에 올려 두고 식사를 하며 즐긴 것을 센터피스의 시초로 볼 수 있으며, 센터피스를 장식하는 행위가 널리 알려지기 시작한 것은 19세기 이후부터이다.

센터피스는 테이블 장식의 중요 요소로 전체적인 테이블의 구성이 돋보이도록 하며, 분위기와 높이, 입체감을 나타내는 역할을 하고, 심리적으로 안정감을 주어 사람의 몸과 마음을 편안하게 해 준다.

테이블에 앉은 사람의 시선을 가리지 않거나 식사에 방해가 되지 않는 범위 내에서 크기를 결정해야 한다. 테이블 면적 1/9 정도의 크기가 적당하고, 높이는 앉아서 대화하는 데 방해되지 않을 정도이거나 탁자에서 30cm 이상을 넘지 말아야 한다. 보통 팔꿈치보다 낮게 잡거나 아예 높게 하는 경우도 있다.

음식의 맛과 향을 방해할 수 있는 지나치게 향이 강한 소재나 떨어져 날릴 위험이 있거나 날카로운 소재들은 피해야 한다. 초를 이용할 경우, 분위기 연출과 음식의 잡냄새 제거에 효과적이지만 향이 강한 아로마 향초는 피하는 것이 좋다.

[그림 4-58] 다양한 종류의 센터피스

(2) 센터피스의 종류

① 피겨(figures)

작은 장식물로 식사 시 화제를 이끌거나 계절감을 표현하여 대화를 자연스럽게 유도하는 장식물이다. 도자기, 크리스털, 은제품으로 만든 꽃이나 동물, 작은 새 등이 있으며, 식사에 관련이 없는 것을 올려 두기도 한다.

② 네프(nef)

14세기경 궁에서 처음 등장한 선박 모양의 용기로 소금을 넣는 통으로 사용하였다. 후에는 향신료나 커틀러리 등을 넣어 놓는 것으로 사용하였는데, 17세기 이후 네프는 본래의 성격에서 벗어나 화려하고 사치스러운 요소가 강한 장식품으로 테이블 위에 올라왔다.

[그림 4-59] 피겨

[그림 4-60] 네프

③ 캔들, 캔들 스탠드(candle & candle stand)

우리나라 말로 초와 촛대를 뜻하며, 서양식 상차림에 자주 올라오는 장식품이다. 초에 불을 붙이기 시작하면 식사를 곧 시작한다는 의미를 지녔다. 이렇게 식사를 시작하기 전에 초에 불을 붙인 이유는 초를 밝힘으로써 음식의 잡냄새와 소음을 줄일 수 있기 때문이었다. 초는 저녁 상차림에서 중요한 역할을 하므로 식사 시간 중에 초가 다 녹아 없어지지 않도록 최소 두 시간

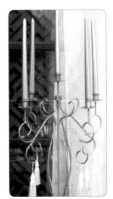

[그림 4-61] 초와 촛대

이상 사용할 수 있는 것을 선택해야 한다. 초의 개수는 테이블의 크기나 용도에 따라 자유롭게 정해 사용하면 된다.

④ 레스트(rest)

커틀러리를 세팅할 때 받치는 도구로, 식사가 끝날 때까지 같은 커틀러리를 사용할 때 주로 이용한다. 주로 캐주얼 스타일의 테이블 위에서 사용하며, 격식 있는 식사에서의 사용은 피한다.

⑤ 네임 카드, 네임 카드 스탠드(name card & name card stand)

많은 인원의 자리를 배석할 경우, 손님이 앉아야 할 자리에 두어 안내용으로 사용한다. 적은 인원일 때에도 사용하면 즐거움을 주며, 식물의 잎과 과일, 채소 등 다양한 종류의 카드 스탠드를 이용해도 좋다.

[그림 4-62] 레스트

[그림 4-63] 네임 카드 스탠드

⑥ 냅킨링, 냅킨홀더(napkin ring & napkin holder)

냅킨의 접은 모양을 유지하기 위해 사용하는 것으로, 냅킨을 링에 끼우는 형태와 홀더에 꽂아 두는 형태가 있다. 양식에서는 세팅을 할 때 장식 효과로 디자인, 소재, 색상을 다양하게 사용하고 있다. 가정적인 분위기에서 사용하는 것이 좋으며, 격식 있는 화려한 분위기의 식사에서는 일반적으로 사용하지 않는다.

[그림 4-64] 냅킨링의 종류

⑦ 솔트셀러, 솔트셰이커, 페퍼셰이커, 페퍼밀(salt cellar, salt shaker, pepper shaker, pepper mill)

일반적으로 소금통, 후추통으로 생각하면 되지만 식사 분위기에 따라 놓는 것이 달라진다. 격식 있는 식사에서는 조금 화려한 용기의 솔트셀러와 페퍼밀을 사용하고, 약식에서는 솔트셰이커, 페퍼셰이커를 사용한다.

[그림 4-65] 솔트셀러

[그림 4-66] 페퍼셰이커

⑧ 테이블클로스 웨이트(table cloth weight)

테이블클로스의 모서리 끝에 다는 장식품으로 바람이 불어 테이블클로스나 테이블러너가 움직이는 것을 방지해 준다.

[그림 4-67] 테이블클로스 웨이트

2. 테이블 플라워(table flower)

(1) 테이블 플라워(식탁화)의 역할

센터피스의 하나로 크게는 식탁에 장식하는 꽃을 칭하고, 식기나 리넨류에 직접 꽃이나 잎을 꽂는 것, 식탁에 꽃잎을 뿌리는 것 등도 이에 속한다.

아름다운 꽃을 장식하여 인간과 인간이 만나 문화생활을 영유하는 공간의 분위기와 정서를 고양시키기고 테이블의 다양성 및 가능성을 도모한다.

(2) 플라워 디자인

목적에 맞는 완성품을 만들기 위해 재료 선택에서부터 제작 과정까지 모든 것을 고려해서 발상하여 상황에 어울리는 디자인을 연출해야 한다.

① 플라워디자인의 7가지 구성 요소

- 구성(composition) : 주위 배경과 짜임새 있는 관계가 유지되어야 한다.
- 균형(balance) : 일정한 중심점으로 양쪽이 평형을 이루어야 한다.
  - 대칭적인 균형 : 공식적이며, 중심선을 잡아 두 측면이 동일해야 한다.
  - 비대칭적 균형 : 비공식적이며, 두 측면이 다르다.
  - 개방적 균형 : 새로운 물결이며 평형 체계의 기법이다.
- 리듬(rhythm) : 연속성, 재현, 조직화된 시간적 움직임으로 반복, 점진, 대조나 대비 등을 통해 단일성과 다양성을 나타낸다.
- 강조(accent) : 디자인에 주어진 강세로 강조가 없으면 단조롭다.
- 통일(unity) : 사용된 재료와의 통일성이 있어야 한다.
- 비율(proportion) : 구성 요소들과의 관계와 크기로 전체에 대한 부분의 상대적 관계(테이블의 1/9 크기)를 나타낸다.
- 조화(harmony) : 강조와 통일로 다양성과 통일성이 혼합되어 조화를 이루어야 한다.

② 꽃의 형태에 따른 역할

- 라인 플라워(line flower) : 플라워 디자인에서 선은 디자인의 골격이 되는 매우 중요한 기본 요소이다. 줄기를 이용해 직선, 곡선의 형태를 구성하는 역할을 한다. 줄기가 수직으로 긴 꽃대에 여러 가지 꽃들이 매달려 있는 형태를 많이 사용한다.

  대표적인 꽃 │ 글라디올러스, 스톡, 리아트리스, 락스퍼, 용담, 금어초 등

[그림 4-68] 라인 플라워

• 매스 플라워(mass flower) : 선과 함께 양적 이미지를 표현한다. 줄기 하나에 크고 둥근 형태의 꽃이 한 송이씩 있는 형태로 작품 구성에서 디자인의 양감을 표현하는 데 효과적이다. 폼플라워(form flower)를 사용하지 않을 경우, 가장 크고 형태가 좋은 것을 가운데 장식하여 초점을 잡아 사용한다.

대표적인 꽃 장미, 국화, 카네이션, 수국, 달리아, 작약, 거베라 등

[그림 4-69] 매스 플라워

• 폼 플라워(form flower) : 시선을 사로잡는 크고 개성이 강한 꽃으로 율동감이나 악센트를 표현할 때 효과적이다. 역동적인 느낌을 준다. 초점으로 사용되는 뛰어난 형태를 가지는 꽃이며, 개성이 강한 꽃이기 때문에 그 특성이 잘 발휘되도록 연출해야 한다.

대표적인 꽃 카틀레야, 호접란, 안수리움, 아이리스, 칼라, 나리 등

[그림 4-70] 폼 플라워

• 필러 플라워(filler flower) : 하나의 줄기에 여러 개의 작은 가지가 퍼져 꽃이 많이 붙어 있는 형태의 꽃이다. 풍성한 느낌을 주며 꽃과 꽃 사이의 공간을 메우거나 연결하는 역할을 한다. 전체의 볼륨을 내는 데 효과적이며, 입체감을 내는 데 중요하게 작용한다.

대표적인 꽃 안개꽃, 소국, 스타티스 등

[그림 4-71] 필러 플라워

(3) 테이블 플라워의 기본 스타일

테이블 플라워의 형태는 탁자의 형태에 따라 달라질 수 있으나 기본적으로 다음과 같은 4가지 스타일이 있다.

① 반구형(dome style)

둥근 구를 반으로 나눈 듯한 모양으로 구성하는 형태이다. 모든 방향에서 볼 수 있도록 디자인되어 조밀하고 경쾌하며, 간결하고 실용적인 형태이다.

 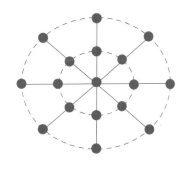

[그림 4-72] 반구형

② 다이아몬드형(diamond style)

테이블 플라워 디자인에서 가장 많이 사용하는 형태이다. 어느 각도에서 보아도 다이아몬드 형태를 지녀야 하며, 측면이 부채꼴이 되도록 꽂아 준다. 소재는 라인 · 매스 · 필러플라워를 기본으로 생각하는 것이 좋다.

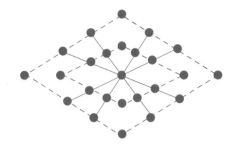

[그림 4-73] 다이아몬드형

③ 원추형(cone style)

테이블 플라워 디자인에서 가장 기본적인 형태이다. 원뿔 형태가 기본이며 피라미드형이나 삼각형 스타일과 유사하다. 밑변의 길이만 바꾸는 것으로 여러 가지 스타일을 연출할 수 있다.

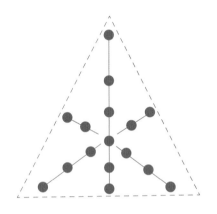

[그림 4-74] 원추형

④ 수평형(horizontal style)

높이보다 너비를 강조하여 세로가 짧고 가로가 긴 형태이다. 수직축의 높이와 수평의 길이가 1:4 이상의 비율이 좋다. 개성적이고 캐주얼한 테이블 위를 장식하는 데 최적의 형태이다.

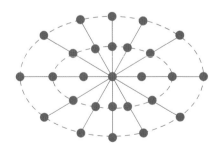

[그림 4-75] 수평형

(4) 테이블에 형태에 따른 배치 방법

① 타원형(oval type) 테이블 : 테이블의 가운데 선을 중심으로 길게 늘어놓는다.

② 원형(round type) 테이블 : 동그란 형태나 네모난 형태로 만들어 정중앙에 둔다.

③ 사각형(quadrangle type) 테이블 : 사람 수에 따라 테이블 가장자리에 두거나 가운데 선을 중심으로 길게 늘어놓는다.

④ 뷔페(buffet type) 테이블

- 원웨이(one way) : 왼쪽에서 오른쪽으로 이동해야 하는 원웨이 테이블에는 뒤쪽에 나란히 높이를 주어 장식한다.
- 아일랜드(island) : 테이블의 가운데 선을 중심으로 길게 놓되 높이를 달리하여 장식한다.
- 패럴렐(parallel) : 양쪽 음식이 똑같으므로 가운데 센터피스로 경계선을 만든다.

(5) 때와 장소에 따른 연출 방법

① 아침(morning) 테이블

너무 화려하게 장식하지 말고, 작은 꽃으로 아담하고 자연스럽게 꾸민다.

② 점심(afternoon) 테이블

밝고 경쾌한 주변과 의복에 어울리도록 옅은 색 꽃으로 배합하여 고상하게 꾸민다.

③ 저녁(dinner) 테이블

격식을 갖춘 테이블이므로 대범하면서도 격조 있게 꾸민다.

④ 가든(garden) 테이블

편안한 마음으로 뜰에 피는 작은 꽃을 모아 자연스럽게 꾸민다.

(6) 테이블 플라워 장식 시 유의할 점

① 꽃 장식은 테이블 세팅에 맞추는 것이 중요하다.

② 식탁 위의 꽃 장식은 어느 면에서 보아도 정면이 보이는 사방화(四方花)가 되어야 한다.

③ 마주 앉은 상대방의 얼굴이 보이도록 꽃의 높이는 테이블로부터 30cm 이하로 낮게 한다.

④ 전체 면적과 높이에 유의한다.

⑤ 위험도가 있는 재료 사용 시 유의하며, 꽃의 수술이 떨어지지 않도록 주의한다.

⑥ 테이블클로스의 색과 냅킨의 색 등 테이블의 전체적인 색의 조화를 고려한다.

⑦ 이동이 가능하고 철거하기 쉬워야 한다.

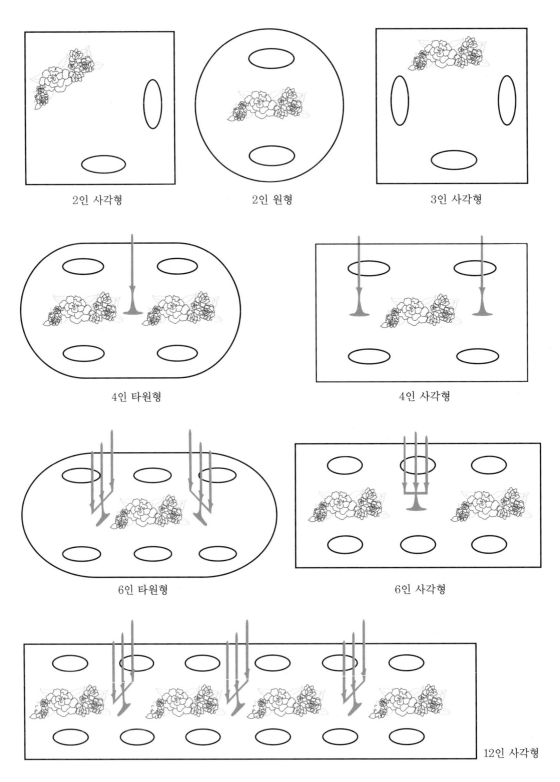

2인 사각형

2인 원형

3인 사각형

4인 타원형

4인 사각형

6인 타원형

6인 사각형

12인 사각형

[그림 4-76] 테이블에 따른 꽃과 촛대 배치

[표 4-5] 테이블클로스, 접시, 꽃 색깔의 조화

테이블클로스	접시	꽃
흰색	흰색, 금색	빨간색
흰색	파란색	노란색
하늘색	흰색	흰색, 파란색
옅은 파란색	흰색	오렌지색
빨간색	흰색	흰색, 녹색
연분홍색	파란색, 흰색	파란색
짙은 녹색	흰색	오렌지색
노란색	파란색	파란색, 노란색

(7) 다양한 테이블 플라워

① 높은 형태

② 낮은 형태

③ 다양한 용기

④ 다양한 소재

⑤ 많이 사용되는 센터피스 형태

(8) 실습으로 익히기

①

실습

테이블 플라워 1

 준비물

- 학교 : 플로럴폼(오아시스), 스테이플러
- 개인 : 꽃 5송이, 들풀 200g, 넓은 잎 · 가는 잎 각각 한 주먹씩, 칼, 꽃꽂이용 가위, 플라스틱 컵 2개, 책받침, 글루건

실습 내용

① 테이블 센터피스로 꽃꽂이 실습하기
② 플라스틱 컵에 넓은 잎을 말고 스테이플러로 찍어 고정 후 순서대로 실습한다.

기타

수업 시간에 배운 내용을 활용하여 어버이날을 위한 꽃꽂이를 다시 만들어 부모님께 전달하고, 만드는 중간 과정 사진 7컷과 부모님께 전달하는 과정 사진 1컷을 찍어 총 8컷의 컬러 사진을 A4 1장으로 리포트 제출

실습

테이블 플라워 2

준비물
- 학교 : 플로럴폼(오아시스), 스테이플러
- 개인 : 꽃 5송이, 들풀 200g, 넓은 잎·가는 잎 각각 한 주먹씩, 칼, 꽃꽂이용 가위, 플라스틱 컵 2개, 책받침, 글루건

실습 내용
① 테이블 센터피스로 꽃꽂이 실습하기
② 플라스틱 컵에 넓은 잎을 말고 스테이플러로 찍어 고정 후 순서대로 실습한다.

 기타
수업 시간에 배운 내용을 활용하여 어버이날을 위한 꽃꽂이를 다시 만들어 부모님께 전달하고, 만드는 중간 과정 사진 7컷과 부모님께 전달하는 과정 사진 1컷을 찍어 총 8컷의 컬러 사진을 A4 1장으로 리포트 제출

5장

푸드 연출
(food styling)

감수 : 정광열 박사(한국발효음식협회 부회장, 조리 기능장)

5장 푸드 연출(food styling)

푸드 연출의 개념

푸드 연출(food styling)이란 요리의 특성과 색상 그리고 시즐(sizzle : 음식을 기름에 굽거나 튀길 때 나는 지글거리는 소리를 말하는 의성어)을 사진 또는 영상을 통해 시각적으로 최대한 살려 사람들이 요리의 맛을 시각과 후각, 청각으로도 느낄 수 있게 하는 것이다. 즉 오감을 만족시키면서 최고의 비주얼로 만들어 내는 음식 모양 내기, 광고 음식 등 사진 예술을 말한다.

요즘 사람들은 예전과 다르게 배만 채우면 되는 것이 아닌 시각적으로도 고급스러운 식문화를 추구하고 있다. 이런 시대적 흐름에 따라 식재료나 요리를 기획, 연출하고 각종 소품을 활용하여 시각적인 미(美)도 느낄 수 있게 요리를 하나의 예술품으로 만들어 내는 푸드 연출이 하나의 트렌드로 자리를 잡아가고 있다.

식기의 형태와 그릇 담기

푸드 연출을 할 때는 식기를 선택하는 것도 중요한 작업의 하나이다. 아무리 맛있는 음식이라도 그 밑에 깔린 식기가 조화를 이루지 못한다면 시각적으로 식욕을 불러일으키지 못하고 오히려 식욕을 떨어뜨릴 수 있기 때문이다. 그러므로 적합한 식기를 선택하여 음식과 조화를 이룰 수 있도록 담아 연출해야 한다.

1. 식기의 형태

식기의 형태에는 원형, 사각형, 삼각형, 타원형 등 여러 가지가 있으며, 각각의 형태에 따라 먹는 사람에게 다양한 이미지를 제공한다.

(1) 원형 식기

가장 기본이 되는 식기로 편안하고 고전적인 느낌을 준다. 원형이 갖는 완전함, 부드러움, 친밀함 등의 이미지 때문에 자칫 진부한 느낌을 받을 수 있으나 색상과 테두리 무늬에 변화를 주어 다양하게 연출할 수 있다. 담는 음식의 종류, 음식을 담는 방법 등에 따라 풍성하고 고급스러우며 안정된 이미지를 표현할 수 있다.

[그림 5-1] 원형 식기

(2) 타원형 식기

길쭉하게 둥근 타원형은 우아하고 원만한 이미지로 여성적인 기품과 푸근한 인상을 느끼게 한다. 좌우 비율에 변화를 주어 섬세함과 신비함 등 다양한 이미지를 표현할 수 있다.

[그림 5-2] 타원형 식기

(3) 사각형 식기

안정되고 세련된 인상을 주기 때문에 현대적인 느낌으로 연출하고자 할 때 많이 사용한다. 황

[그림 5-3] 사각형 식기

금 분할(1∶1.618)에 기초한 사각형을 주로 쓰며, 흔히 사용하는 원형에 비해 개성이 강하기 때문에 독특한 이미지를 표현하고 싶을 때, 요리의 완성도를 높여 주고, 다양한 방법으로 변화를 주어 연출할 수 있으므로 창의성이 강한 요리에 활용한다.

각진 사각형이 주는 정돈되고 안정된 느낌에서 벗어나고 싶을 경우, 선을 비스듬히 한 마름모형 등 모양에 변화를 준 것을 사용하면 평면이면서도 입체적으로 보이고 움직임과 속도감을 느낄 수 있다.

(4) 삼각형 식기

정삼각형, 이등변 삼각형, 비대칭 삼각형 등 전통적인 구도이다. 삼각형이 갖는 날카롭고 빠른 이미지에 맞게 자유로우면서도 재미있는 분위기의 요리에 많이 사용한다. 뾰족한 끝이 먹는 사람 쪽을 향하게 역삼각형으로 배치하면 날카로움과 속도감이 증가하여 강한 이미지를 연출할 수 있다.

[그림 5-4] 삼각형 식기

2. 그릇 담기

시각, 청각, 후각, 미각, 촉각의 다섯 가지 감각을 통해 얻는 정보 중에서 가장 많이 차지하는 요소는 시각으로부터 얻는 정보이다. 요리 또한 아름다운 식기에 보기 좋게 담겨 있을 때 더욱 식욕을 자극한다. 이처럼 요리는 맛 자체만으로 만들어지는 것이 아니라 시각적인 미에서부터 시작된다고 할 수 있다.

식공간에서의 시각적 비중을 살펴보면 실내 인테리어와 내부 장식, 테이블클로스가 70%를 차지하고, 음식을 담은 그릇이 나머지 30%를 차지한다. 그러므로 음식을 효과적으로 그릇에 담아 배치하는 것은 매우 중요한 일이다.

음식을 그릇에 담을 때는 주제아 대상 또는 음식의 종류외 조리법에 따라 다양하게 구성하며, 연출되는 공간의 분위기와도 어울려야 한다. 또한 그릇에 담는 기본 구도를 알고 응용력을 키우며 조금씩 변화를 주어 맛뿐만 아니라 시각, 후각, 청각 등 오감을 충족시켜 주어야 한다.

(1) 그릇 담기의 기본 형태

① 높낮이형

울창한 숲이나 작은 산 모양을 표현하는 형태이다. 주로 생선회, 생선구이에 사용하며, 일반적인 요리에도 많이 활용한다. 앞쪽은 낮게, 뒤쪽은 높게, 왼쪽 방향으로는 높게, 오른쪽 방향으로는 낮게 하여 산이나 강 등의 자연적 감각을 입체감 있게 표현한다.

② 배열형

요리를 순서대로 겹쳐 가면서 반복하여 담는 형태이다. 주로 전통 음식을 놓을 때 사용하며 생선회, 구운 생선 등을 담는 데도 활용한다.

(2) 담는 형태에 따른 구도의 종류

① 대축 대칭 구도

접시 중심축을 기준으로 요리의 배분을 좌우로 완전히 똑같이 하는 방법이다. 배치하기가 매우 쉬우며, 클래식한 스타일로 가장 많이 사용하는 구도이기도 하다. 통일감을 주기 때문에 안정감과 화려함 등을 느낄 수 있지만 요리가 중심축에 있기 때문에 새로운 변화를 기대하기는 힘들다.

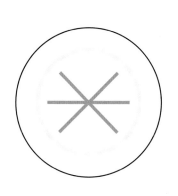

[그림 5-5] 대축 대칭 구도

② 회전 대칭 구도

대축 대칭의 중심축을 늘리면 회전 대칭의 기본이 되지만 대축 대칭과 비슷하다고 할 수는 없다. 요리의 소재가 일정한 방향을 향해 회전하는 구도이며 균형적이다. 안정감, 차분함이 느껴지면서도 리듬과 흐름을 느낄 수 있는 재미있는 구도이다. 단, 끝까지 균형을 잡지 않으면 쉽게 유치해질 수 있다.

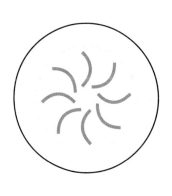

[그림 5-6] 회전 대칭 구도

③ 사각형 구도

　　사각형은 정리하기 쉬우며 안정감이 있으면서도 다양하게 변화를 주기 쉬운 재미있는 구도이다. 동그란 접시에 사각형 구도를 표현할 경우, 동그라미 안의 사각이라는 모양 그 자체에서 안정과 변화를 다양하게 느낄 수 있다.

[그림 5-7] 사각형 구도

④ 마름모형 구도

　사각형이 주는 안정감에서 벗어나고 싶다면 변의 길이를 똑같이 나누어 마름모형 구도를 만든다. 사각형보다 정돈된 느낌은 없으나 입체적이며 속도감을 느낄 수 있는 재미있는 구도이다. 하지만 이 구도를 이용할 때는 음식의 형태가 작아지는 경향이 있으니 주의한다.

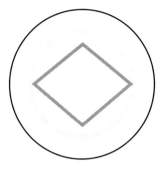

[그림 5-8] 마름모형 구도

⑤ 삼각형 구도

　르네상스 시대의 예술 작품 등에서 많이 이용했던 전통적인 구도이며, 꽃꽂이에서도 가장 기본이 되는 구도이다. 이 구도는 정적인 이미지보다는 캐주얼한 이미지의 요리에 사용하는 것이 좋다.

[그림 5-9] 삼각형 구도

⑥ 역삼각형 구도

삼각형에 비해 중심이 위에 있는 구도이며, 앞으로 갈수록 좁아지는 구도 탓에 날카로움과 속도감을 느낄 수 있다. 마치 먹는 사람을 향해 다가오는 것 같은 효과를 주기 때문에 강력한 영향(impact)을 주며, 전채 요리에 많이 사용하는 구도이다.

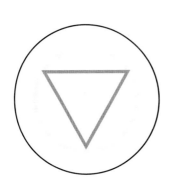

[그림 5-10] 역삼각형 구도

⑦ 리듬형 구도

접시 한가운데서 어떤 규칙이 일정하게 반복되는 구도로 템포가 빠른 음악처럼 율동적인 느낌을 준다. 경쾌하고 즐거우며, 명랑함을 표현하고 싶을 때 이 구도를 사용하면 좋다. 전채 요리 등 식사의 처음에 이 구도를 이용하면 요리에 즐거움을 더할 수 있다.

[그림 5-11] 리듬형 구도

⑧ 소용돌이형 구도

중심을 잡고 소용돌이를 말아 가는 구도로 입체감과 움직임을 느낄 수 있다. 볶음밥이나 비빔밥 등에 사용하며, 재미있는 이미지도 있어서 과자에 잘 어울리기에 디저트에도 많이 활용하는 구도이다.

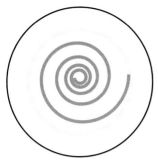

[그림 5-12] 소용돌이형 구도

⑨ 다양한 구도

한 음식에 여러 가지 구도를 사용할 수도 있다.

[그림 5-13] 다양한 구도

3. 음식 연출

(1) 각종 김치 연출

김치는 우리의 식생활에 매일 이용하고 있지만 보기 좋게 연출하기가 힘들다. 색깔, 질감, 모양 등을 잘 살려 연출해야 먹음직스럽다.

[그림 5-14] 각종 김치 연출

(2) 핑거푸드 연출

핑거푸드(finger food)는 말 그대로 도구를 사용하지 않고 손으로 집어서 먹는, 한입에 먹을 수 있게 작은 크기로 만든 음식을 말한다. 칵테일파티나 와인파티 등 격식을 차리지 않는 스탠딩파티에 어울리며, 다양한 재료를 사용하여 먹기 좋으면서 눈으로도 즐길 수 있도록 만들어 장식해 낸다.

[그림 5-15] 핑거푸드 연출

(3) 그 외 다양한 음식 연출

음식을 그릇에 담을 때에는 식재료, 그릇, 콘셉트, 계절감, 메뉴의 종류 등 다양한 요소들을 고려해야 한다.

[그림 5-16] 그 외 다양한 음식 연출

실습

푸드 연출 실제(달걀프라이, 베이컨)

 준비물

- 학교 : 열 도구, 프라이팬, 식용유, 뒤집개, 흰 접시, 베이컨, 달걀
- 개인 : 가위, 연출 시 사용할 도구(붓, 집게, 작은 젓가락 등), 장식용 채소 30g

 실습 내용

달걀프라이, 베이컨 푸드 연출

 실습 지도

① 달걀프라이는 노른자가 달걀의 중앙에 오도록 연출
② 베이컨은 살짝 구워 다양한 모양으로 연출
③ 시각적으로 먹음직스럽게 연출

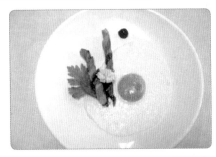 

 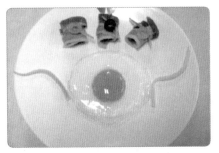

 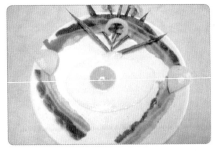

기타 조별 주제에 따라 푸드 연출을 완성한 후 각양각색으로 표현된 푸드 연출을 비교 · 평가

실습

푸드 연출 실제(핑거푸드)

 준비물

- 학교 : 접시
- 개인 : 연출 시 필요한 도구, 메뉴에 따른 핑거푸드 재료

 실습 내용

핑거푸드 연출

실습 내용

먹기 쉽고, 모양도 예쁘고, 담기도 쉬운 핑거푸드 만들기

기타

조별로 핑거푸드 요리명과 요리법을 제시하고 콘셉트에 맞는지 분석

실습

푸드 연출 실제(김치 1)

 준비물
- 학교 : 접시, 물엿, 고춧가루
- 개인 : 김치 2종류, 가위, 연출 시 필요한 도구, 가니시용 채소나 소품 약간

 실습내용
여러 가지 김치를 이용한 다양한 모양 연출

 실습내용
김치를 보기 좋고 먹음직스럽게 담을 수 있도록 연출

 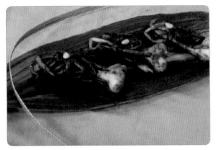

기타
조별 또는 개인별 김치 재료와 푸드 연출법 비교

실습

푸드 연출 실제(김치 2)

 준비물
- 학교 : 접시, 물엿, 고춧가루
- 개인 : 김치 2종류, 가위, 연출 시 필요한 도구, 가니시용 채소나 소품 약간

실습
내용

여러 가지 김치를 이용한 다양한 모양 연출

실습
내용

김치를 보기 좋고 먹음직스럽게 담을 수 있도록 연출

기타

조별 또는 개인별 김치 재료와 푸드 연출법 비교

소 스

1. 소스 개요

'소금 친, 소금에 절인, 짠, 소금기 있는'을 의미하는 라틴어 '살수스(salsus)'에서 유래한 소스 (sauce)는 본래 냉장 기술이 없던 시대에 변질된 음식의 맛을 감추기 위해 만들어졌다는 설이 있다.

소스는 음식의 기본을 구성하는 요소 중 하나로 음식에 풍미를 더해 주거나 식욕을 돋우는 역할을 한다. 또한 음식의 맛과 향기, 색, 농도, 영양 등을 결정할 뿐만 아니라 소화 작용을 도와주기 때문에 요리에서 중요한 위치를 차지한다.

생선, 고기, 달걀, 채소 등 각종 요리에 맛이나 색을 내기 위하여 액상(液狀) 또는 반유동(半流動) 상태 등 다양한 배합 형태의 소스를 용도에 맞게 사용하고 있으며, 각 나라마다 고유의 특성을 가진 소스들이 존재한다.

맛이나 요리에 색을 더하여 시각적인 만족감을 높여 주기 때문에 다양한 식기로 음식을 연출하듯 소스를 다양하게 연출하여 장식 효과를 낼 수 있다.

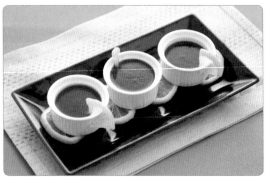

[그림 5-17] 소스의 종류

2. 소스 연출법

소스를 담는 방법에 따라 요리의 완성도가 달라지며, 다양한 방법으로 연출하여 우아함과 멋스러움으로 음식의 격을 높일 수 있다.

접시에 흥건하게 담기도 하고, 요리나 접시 주변에 여러 모양으로 부슬부슬 뿌리거나 점을 찍듯이 떨어뜨리는 등 다양한 스타일로 연출할 수 있다. 소스를 음식 위에 뿌리거나 접시에 뿌리는 방법에 따라 '중앙 중심형', '회오리형', '도트형', '직선형', '흩뿌림형' 등 다양한 명칭을 사용한다.

접시의 색과 요리의 색에 따라 소스의 색도 중요하며, 색을 다양하게 연출하여 요리를 무한정 변신시킬 수 있다.

(1) 음식 위에 뿌리기

[그림 5-18] 음식 위에 뿌리기

(2) 접시 위에 소스 먼저 뿌리고 음식 나중에 올리기

[그림 5-19] 접시 위에 소스 먼저 뿌리고 음식 나중에 올리기

(3) 액체형 음식 위에 소스 뿌려 그리기

[그림 5-20] 액체형 음식 위에 소스 뿌려 그리기

(4) 음식 주변에 소스 뿌리기

[그림 5-21] 음식 주변에 소스 뿌리기

(5) 음식을 중심으로 소스 흩뿌리기

[그림 5-22] 음식을 중심으로 소스 흩뿌리기

(6) 모형 올려 가루 뿌리기

[그림 5-23] 모형 올려 가루 뿌리기

소스 뿌리기

 준비물
- 학교 : 흰 접시(지름 21cm), 분리수거용 봉투(음식물, 일반)
- 개인 : 조각 칼, 양파, 감자, 당근, 커피가루, 핫소스, 머스터드, 마요네즈, 소스통, 나뭇잎 2개, 물티슈, 도마, 비닐팩, 일회용 접시

 실습 내용

소스로 번개 모양, 웃는 모양, 타원형 등 모양내기

 실습 지도

① 스테이크 모양을 연출하기 위해 양파나 감자를 도톰하게 잘라 커피가루를 묻힌다.
② 당근, 감자 등 채소를 모양내어 잘라서 곁들이는 음식을 표현한다.
③ 색깔별 소스를 음식과 함께 다양한 모양으로 연출해 본다.

기타

실제로 식재료를 굽거나 삶거나 볶지 않고 다양한 재료를 이용하여 음식 표현

푸드 연출 촬영

푸드 연출은 기본적으로 사진 촬영이 중요한 요인이다. 촬영 전 또는 촬영 중 사진작가와의 충분한 의사소통이 필요하며, 그러기 위해서는 기본적으로 사진에 대한 지식이 선행되어야 한다. 또한 촬영 중 사진작가가 사진을 찍는 행위를 이해함으로써 촬영에 대해 좀 더 적극적으로 참여할 수 있다.

음식 촬영에 앞서 많은 요인들이 고려되어야 하는데, 먼저 지금 하는 촬영을 통해 전하려는 메시지가 무엇인지를 파악하는 것이 가장 중요하다. 즉, 특정 제품에 관한 광고인지, 음식 사진을 통한 사회 캠페인의 성격을 띠고 있는지 등 촬영의 최종 목적에 따라 큰 차이가 있음을 인식하고 작업에 임해야 한다.

1. 촬영 시 음식 배치 방법 및 주의 사항

① 배치 방법
- 접시에 음식을 담을 때는 너무 많이 담지 말고 여유가 있게 담는다.
- 접시의 가장자리 부분은 그림에서의 액자 같은 역할을 하기에 가리지 않도록 한다.
- 어둡고 밝은 곳의 강한 대비를 고려하여 배치한다.
- 흰색이 있는 부분은 접시의 면적 대비로 인해 더 크게 느껴지므로 색을 완화시키고 면적을 좁힌다.
- 좌우 대칭으로 담긴 음식은 격식을 차린 느낌을 주고, 그렇지 않게 담긴 음식은 편안한 느낌을 준다.
- 강렬하며 기하학적인 모양의 음식은 따로 떨어져 있게 하거나 다른 음식으로 약간 가려서 강렬함을 완화시킨다. **예** 양파링 튀김
- 샐러드를 준비할 때, 녹색 잎들을 옆으로 뉘여 담기보다는 세워 꽂는 느낌으로 연출하는 것이 훨씬 더 생생한 느낌을 준다. 자칫 평평해 보이기 쉬운 재료를 다룰 때 이 방식을 사용하면 좋다.
- 잘게 다진 생허브나 마른 허브 가루, 또는 작게 자른 채소를 음식 위에 흩뿌리거나 올려 주면 장식과 마무리 효과를 낼 수 있다.
- 아이템들의 크기와 위치 등을 통일성 있게 배치해야 매력적이다.

② 주의 사항

- 넓게 노출된 표면은 텅 비어 보이므로 주의한다.
- 큰 면적, 빈 부분, 돌출된 부분은 단순하고 지루해 보이기 쉬우므로 주의한다.
- 너무 채워진 부분과 빈 공간이 생기지 않도록 주의한다.

[그림 5-24] 푸드 촬영 시 푸드 연출 도구 및 소품

2. 음식 담을 때 배색

　음식을 그릇에 담을 때 배색에 조화를 이루기 위해서는 배경이나 소품, 그릇 등에 대한 색의 조화를 포함하여 색상의 수를 가급적 줄이고 한색과 난색, 밝은 색과 어두운 색의 그룹으로 나눈다. 그리고 주제와 배경의 대비를 고려하고 색의 감정 효과, 색의 명시성과 진출-후퇴, 팽창-수축의 운동감을 이용하면 보다 화려하고 생동감 있는 분위기를 연출할 수 있다. 배색이 어렵거나 애매모호할 때는 유사색을 이용하도록 한다.

① 바탕색

식기와 테이블 또는 테이블클로스의 기본 색상이며, 메뉴의 상태를 고려하여 정한다. 뜨거운 상태를 강조할 때는 따뜻한 계열의 색을, 전통 음식을 담을 때는 고전적인 이미지의 그릇이나 리넨을 선택한다.

② 배합색

음식과 그릇의 색과 모양, 테이블러너 등으로 연출한다. 메뉴와 식기의 조화를 추구하며, 색조도 대부분 비슷하게 하여 자연스러운 조화를 이루게 한다.

③ 강조색

음식의 고명(가니시, 토핑) 등으로 강조되는 색이다. 음식 자체가 강조색 역할을 하기도 하며, 2~3가지 색을 활용하여 메뉴를 돋보이게 한다. 또한 음식의 상태와 식기, 테이블, 식공간으로도 조화롭게 표현할 수 있다.

3. 작품 평가

사진 촬영이 끝나고 자신의 작품에 대한 냉정한 평가를 통해 계속적인 실력 향상을 추구해야 한다. 그러기 위해서는 고객의 요구 사항에 대한 만족도, 음식의 사용, 재료의 적절성, 준비 과정의 합리성, 조리법의 올바른 선택 등 다양한 측면에서 작품을 평가해야 한다.

6장

과일과 채소 모양내기

6장 과일과 채소 모양내기

과일 모양내기

1. 과일 모양내기

과일은 알록달록 갖가지 자연의 색상이 들어 있어 어느 음식보다 화려하며, 고유의 색상과 모양을 살려 정성껏 깎아 색깔을 맞추어 담아내면 훨씬 맛있어 보인다.

일반적으로 과일을 모양내어 깎아 예쁘게 담아서 귀한 손님을 위한 후식이나 차 상차림에 곁들이자면 어렵게 생각되고 걱정이 될 것이다. 하지만 간단하고 쉬운 방법으로 잘라 모양을 내어 담기만 해도 한층 더 돋보인다. 다양한 과일을 예쁘게 깎아 조화롭게 꾸며서 담아내면 멋스러운 상차림이 될 수 있다.

[그림 6-1] 다양한 과일

(1) 자를 때 주의 사항

① 한 번 칼을 넣었으면 한 번에 깎아야 하며, 도중에 멈추는 횟수가 많으면 많을수록 깨끗하게 마무리되지 않는다.

② 단맛의 위치를 염려해 두어 고르게 자른다(특히 파인애플).

③ 과일의 크기에 맞는 도구(주로 과도)를 사용한다.

④ 냄새가 옮지 않도록 하기 위해 같은 과도로 다른 과일을 자르지 않는다.

⑤ 같은 모양으로 자른 것은 큰 조각에서 작은 조각으로 순서대로 놓는다.

(2) 변색 방지 방법

사과·아보카도·복숭아와 같이 껍질을 벗기면 색깔이 갈색으로 변하는 과일이 있다. 이러한 갈변 현상은 폴리페놀계 물질과 공기 중의 산소 및 산화 효소의 3요소에 의해 일어난다. 폴리페놀계 물질이 포함되어 있어 색이 변하는 과일의 갈변을 막기 위해서는 공기를 차단하든가, 산화 효소의 작용을 막아 주어야 한다. 그 방법은 다음과 같다.

① 물에 담근다.

② 소금물이나 설탕물에 담근다.

③ 레몬즙, 라임즙 등 산성액에 담근다.

④ 가볍게 가열한다.

⑤ 비타민 C를 첨가한다(아스코르브산액 : 환원 작용).

(3) 장식할 때 주의 사항

① 접시의 크기와 장식할 과일의 색깔의 배합과 조화를 고려한다.

② 크기가 큰 과일부터 배열하고 그 다음 작은 것을 끼워 넣는 방식으로 장식한다.

③ 과일을 놓는 방향은 왼쪽이면 왼쪽, 오른쪽이면 오른쪽으로 일정한 방향으로 통일한다.

④ 높낮이를 주면서 장식한다. (특히 이것은 평평한 접시에 장식할 경우에는 필수 조건이다.)

⑤ 동그란 접시의 경우에는 정중앙을 중심으로 방사선 모양으로 배열한다.

⑥ 뷔페, 파티와 같은 경우에는 껍질을 조금 남겨 깎아 놓으면 들기가 쉽다.

⑦ 벽 쪽에 놓는 경우에는 정면과 뒷면을 맞붙여 장식하여 손님이 들기에 좋도록 하고, 원탁의 경우에는 어느 쪽에서나 들기 쉽도록 장식한다.

⑧ 변색되기 쉬운 과일은 변색을 방지한 후 장식한다.

⑨ 과일은 자른 직후 금방 수분이 사라지기 시작하므로 자른 후 두 시간 이내에 먹는 것이 좋다. 또 수분이 없어지기 쉬운 것, 변색되기 쉬운 것은 나중에 장식하도록 한다.

⑩ 과일에 꽃과 껍질로 장식해도 좋고, 허브 종류를 곁들이면 청량감이 있어 연출 효과를 볼 수 있다.

2. 과일 모양내기 실제

(1) 바나나 지그재그 놓기

① 칼집을 넣어 껍질의 반을 벗겨 낸다.

② 벗긴 후 3cm 정도 일정한 간격으로 썰어 껍질 위에 엇갈리게 놓는다.

[그림 6-2] 바나나 지그재그 놓기

(2) 바나나 엇갈리게 자르기

① 바나나의 중심 부분이 관통하도록 칼을 꽂아 칼집을 낸다.

② 칼집 낸 반대 면에 사선으로 칼집을 넣어 ①에서 칼집을 낸 곳까지 잘라 준다.

③ 반대편도 똑같은 방법으로 잘라 낸 후 토막의 아랫부분을 반듯하게 잘라 세운다.

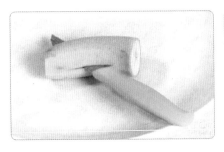

[그림 6-3] 바나나 엇갈리게 자르기

Tip **바나나 고르는 법**
껍질이 노랗고 윤기가 나는 것, 갈색 점이 고루 퍼진 당도가 높은 것

(3) 귤 토끼 귀 모양 만들기

① 껍질째 깨끗하게 씻어 2등분한다.

② 껍질과 과육 사이에 칼집을 넣어 완전히 떨어지지 않도록 3/4 정도만 자른다.

③ 과육 중간에 칼집을 넣어 반으로 펼친다.

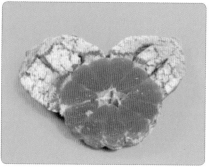

[그림 6-4] 귤 토끼 귀 모양 만들기

Tip | **귤 고르는 법**

1. 껍질에 윤기가 흐르고 탄력이 좋은 것
2. 꼭지가 싱싱하고 중량이 무거운 것
3. 껍질이 얇고 잘 벗겨지는 것

(4) 멜론 지그재그 놓기

① 반으로 나눠서 반 나눈 것을 3등분해 준다.

② 씨를 긁어내어 과육과 껍질을 분리한다.

③ 일정한 크기로 썰어 지그재그로 놓는다.

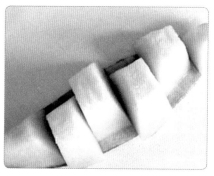

[그림 6-5] 멜론 지그재그 놓기

(5) 멜론 스쿠프 떠내기

① 토막을 낸 뒤 씨를 긁어내고 각기 다른 사이즈의 스쿠프로 동그랗게 떠낸다.

② 다양한 크기대로 접시에 담아낸다.

[그림 6-6] 멜론 스쿠프 떠내기

Tip **멜론 고르는 법**

1. 찌그러지지 않고 원형이며 가지런하게 줄이 그어진 것
2. 꼭지가 신선한 것
3. 꼭지의 반대 부분을 눌러 봤을 때 부드러운 것

(6) 참외 어슷 모양 놓기

① 깨끗이 씻어서 반을 갈라 2cm 간격으로 자른다.

② 자른 참외의 씨를 빼고 어슷하게 놓는다.

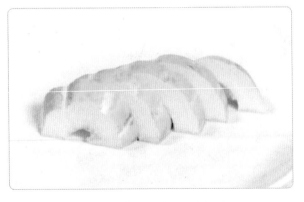

[그림 6-7] 참외 어슷 모양 놓기

(7) 참외 나비 모양 만들기

① 깨끗이 씻어서 반을 갈라 1.5cm 간격으로 자른다.

② 자른 것을 잡아 중앙을 나비 모양으로 오린 후 바깥에서 중앙으로 잘라 들어와 ①에서 모양 낸 데까지 자른다.

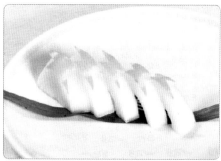

[그림 6-8] 참외 나비 모양 만들기

Tip **참외 고르는 법**

1. 꼭지가 싱싱하고 껍질이 탄탄한 것
2. 모양이 고르고 육질이 단단한 것
3. 노란색이 짙고 골이 깊게 파인 것

(8) 수박 지그재그 놓기

① 반을 갈라 꼭지 쪽을 중심으로 자른 후 양끝을 깨끗이 자른다.

② 껍질과 과육을 분리한 후에 밑동을 평평하게 자른다.

③ 적당한 두께로 잘라 엇갈리게 놓는다.

[그림 6-9] 수박 지그재그 놓기

(9) 토마토 장미꽃 모양 만들기

① 꼭지를 따고 1mm 정도로 얇게 썬다.

② 얇게 썬 것을 가지런히 세워서 편 후, 끝나는 지점에서 맞물리도록 계속 반복하여 말아 준다.

[그림 6-10] 토마토 장미꽃 모양 만들기

(10) 토마토 껍질 말기

① 토마토 껍질을 얇게 깎아 낸다.

② 깎아 낸 껍질을 돌돌 말아 준다.

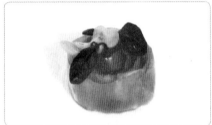

[그림 6-11] 토마토 껍질 말기

(11) 방울토마토 펼친 꽃 모양 만들기

① 꼭지를 잘라 내고 세로로 3~4번 썬다.

② 접시에 가장 넓은 단면을 둥글게 돌려 담고 그 다음 작은 순으로 엇갈리게 계속 돌려 올린다.

[그림 6-12] 방울토마토 펼친 꽃 모양 만들기

(12) 토마토 날개 모양 만들기

① 꼭지를 잘라 내고 밑을 평평하게 자른 후 세로로 6등분하여 잘라 세울 수 있도록 한다.

② 밑에서 1cm 정도 남기고 위에서 껍질을 벗긴다.

③ 껍질을 날개 모양으로 예쁘게 펼친다.

[그림 6-13] 토마토 날개 모양 만들기

> **Tip** **토마토 고르는 법**
>
> 1. 전체적으로 동그랗고 살이 탄탄한 것
> 2. 꼭지 부분이 싱싱하고 새빨갛게 익은 것

(13) 단감 나뭇잎 모양 만들기

① 단감의 꼭지 부분을 자르고 6등분한다.

② 가운데 부분을 마주 보고 칼집을 넣는다. 이 방법으로 바깥쪽도 두 번 더 해준다.

③ 자른 단감을 위로 살짝 밀어 올려 앞면이 보이게 한다.

[그림 6-14] 단감 나뭇잎 모양 만들기

(14) 단감 꽃 모양 장식 만들기

　① 껍질을 벗기지 말고 동글게 썬다.

　② ①을 돌리면서 껍질을 깎아 마지막 1cm를 남겨 둔다(※ 껍질이 떨어지지 않도록 주의).

　③ 껍질을 리본 삼아 지그재그로 주름을 잡은 후 이쑤시개를 꽂아 완성한다.

[그림 6-15] 단감 꽃 모양 장식 만들기

(15) 단감 바람개비 모양 만들기

　① 단감을 둥글게 자른다.

　② 껍질째 둥근 몰드로 중앙에서 찍어 낸 후 반으로 잘라 1cm 끝을 남기고 껍질을 깎는다.

　③ 깎은 껍질을 안으로 말아 고정한 후 바람개비 모양으로 둥글게 접시에 담는다.

[그림 6-16] 단감 바람개비 모양 만들기

(16) 단감 부채 모양 썰기

① 씨 부분을 피해 세로로 자른다.

② 최대한 얇게 잘라 비스듬히 부채 모양으로 펼쳐 준다.

[그림 6-17] 단감 부채 모양 썰기

Tip **단감 고르는 법**

1. 모양이 고른 것

2. 꼭지 부분이 깨끗하고 과실의 위아래가 등황색으로 거의 같은 것

3. 과실을 만졌을 때 단단하게 느껴지는 것

(17) 그 외 다양한 과일의 모양 만들기

① 사과

[그림 6-18] 사과 모양내기

② 오렌지

[그림 6-19] 오렌지 모양내기

[그림 6-20] 과일 뷔페

실습

과일 모양내서 그릇에 담기

 준비물

각종 계절 과일(5가지)

 실습
내용

가정에서 5가지의 과일을 여러 가지 모양으로 깎아 그릇에 모양내서 담기

 실습
지도

① 과일의 색과 모양, 상태, 특성 등에 유의하여 그릇을 예쁘게 장식한다.
② 과일 깎기가 서투른 학생들에게 숙련을 통해 흥미를 키울 수 있도록 한다.

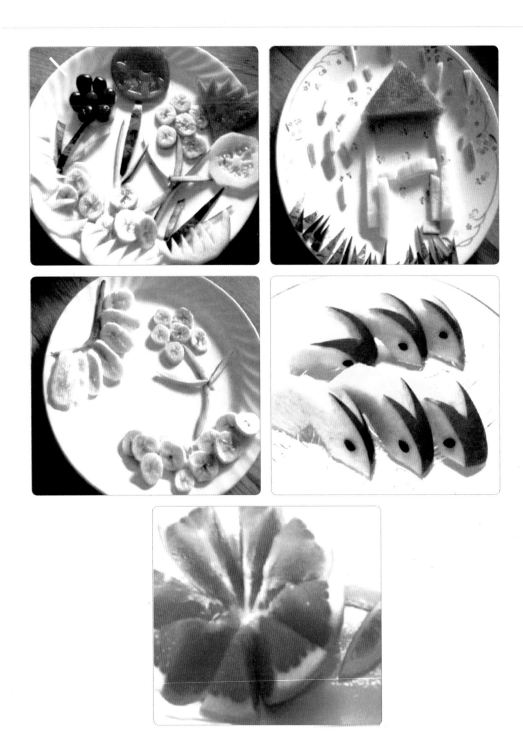

기타 가정에서 실습하는 과정 사진을 단계별로 7컷, 완성 1컷을 찍은 후 컬러로 출력하여 리포트로 제출한다.

채소 모양내기

1. 채소 모양내기

채소의 특성을 살려 다양한 모양으로 잘라서 음식에 장식을 하면 시각적 효과를 높여 주어 주요리를 한층 더 돋보이게 한다.

[그림 6-21] 다양하게 모양을 낸 채소

2. 채소 모양내기 실제

(1) 무로 꽃 모양 말기(당근을 이용해도 된다.)

① 10cm 길이로 무를 얇게 돌려깎기한 후 소금물에 담가 둔다.

② ①의 무를 반으로 접어서 0.5cm 간격으로 끝 1cm를 남기고 어슷썰기한다.

③ 돌려 말아서 꽃 모양을 만든다.

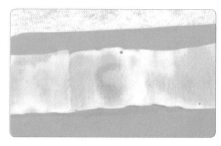

[그림 6-22] 무로 꽃 모양 말기

(2) 오이 모양내기

　① 통오이를 반으로 자른 후 얇게 어슷썰기한다.

　② 양파는 0.3cm 두께로 단면 썰기를 한다.

　③ 썬 오이를 등과 등이 맞닿게 겹쳐 나가면서 타원형을 만든다.

　④ 당근은 얇게 썰어 잎 모양으로 잘라서 양파와 함께 색을 맞추어 오이 옆에 장식한다.

　⑤ 방울토마토를 반으로 잘라 마지막에 장식한다.

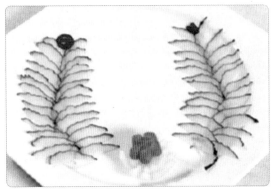

[그림 6-23] 오이 모양내기

(3) 오이꽃 만들기

　① 오이 껍질을 길게 잘라 다양한 크기와 길이로 줄기를 만든다.

　② 당근은 타원형으로 얇게 썰고, 오이는 끝 1cm를 남기고 통으로 어슷썰기하는 등 다양한 모
　　양으로 자른다.

　③ 어슷썰기한 오이와 줄기로 꽃 모양을 잡는다.

　④ 다양한 모양의 재료들을 주제에 맞게 장식한다.

[그림 6-24] 오이꽃 만들기

(4) 나뭇잎이 붙은 가지 만들기

① 오이 껍질을 줄기와 가지 크기에 맞게 자른다.

② 당근을 타원형으로 작게 잘라 나뭇잎으로 모양내어 잎처럼 올린다.

③ 방울토마토는 반으로 잘라 장식한다.

[그림 6-25] 나뭇잎이 붙은 가지 만들기

(5) 그 외 다양한 채소의 모양내기

[그림 6-26] 다양한 채소의 모양내기

실습

채소 모양내서 연출하기

 준비물
- 학교 : 음식물 쓰레기봉투
- 개인 : 각 조별 채소(고추 1개, 오이 2개, 무 1/4개, 당근 1/2개, 방울토마토 3개, 대파 0.5대), 조각칼 또는 과도, 도마, 비닐봉지, 행주 또는 물티슈

 실습 내용
다양한 모양으로 자른 채소 연출하여 담기

실습 지도
① 주요리를 돋보이게 하게 위해 다양한 방법으로 채소를 잘라 배치하거나 연출해 본다.
② 식재료의 특성에 따라 입체적으로 연출한다.

기타   채소의 특징을 살려 여러 모양으로 잘라서 주제에 맞게 창작 표현

7장

파티 연출
(party styling)

7장 파티 연출(party styling)

파티의 개념

파티(party)는 더 좋은 관계를 맺기를 원하거나 같은 목적 또는 같은 주장을 가진 사람들의 모임을 뜻하는 18세기 초에 사용된 영어로 우리나라에서는 흔히 모임, 잔치, 연회라고도 한다.

오늘날의 파티는 사교나 친목, 정보 교환 등을 목적으로 친척, 친구들로 구성된 소규모 모임에서부터 생일, 결혼 기념일, 각종 기념일, 명절, 회사 창립일, 신작 발표 성공이나 수상 축하 기념식, 결혼 전 친구들이 선물을 주고 축하하는 웨딩샤워(wedding shower), 출산 전 아기 용품 등의 선물을 주고 축하하는 베이비샤워(baby shower) 등 다양하다.

단지 먹고 마시기 위한 목적보다는 유익한 시간을 갖거나 즐거운 시간을 보내고 싶어하는 사람들이 늘어나면서 전문 파티플래너(party planner)가 파티를 기획하고 목적에 따라 장식하여 연출하기도 한다.

파티의 분류

1. 형식에 따른 파티

(1) 포멀 파티(formal party)

파티의 형식 중 가장 엄격하고 품위 있는 것으로 국가 간 외교 행사, 공식적인 만찬회, 무도회 등에서 볼 수 있으며, 경험할 기회가 많지 않다.

남성의 경우는 연미복에 흰색 타이를 매거나 턱시도에 검은색 타이를 매는 것이 가장 격조 높은 복장이고, 여성의 경우는 가슴과 등, 어깨를 크게 파낸 스타일의 이브닝드레스를 입는 것이 좋다.

(2) 세미포멀 파티(semiformal party)

새로운 모임 기념 행사, 결혼 피로연 등에서 볼 수 있다. 남성은 다양한 장식을 한 턱시도 차림을 하고, 여성은 세미이브닝드레스나 디너드레스를 입는다.

[그림 7-1] 결혼 피로연

(3) 인포멀 파티(informal party)

형식에 구애받지 않고 평상복을 입고 파티를 하거나 음악회, 연극 관람 등을 하는 것으로 캐주얼하고 자유롭고 편안하게 파티를 즐긴다.

2. 서비스 방법에 따른 파티

(1) 테이블 서비스 파티(table service party)

품격 있고 격식을 갖춘 파티로 사교적 모임이나 국제적인 행사 등 중요한 목적이 있을 때 개최한다. 초대장을 보낼 때 파티의 취지와 성명을 기재하고 복장에 대해 명시한다. 파티의 식순이 있고, 좌석 순서에 따라 입장하여 착석하며, 보통 요리는 다섯 가지 코스에서부터 아홉 가지 코스까지 제공된다.

(2) 뷔페 파티(buffet party)

14~16세기경 왕후나 귀족들이 부와 권력을 과시하기 위해 호화로운 만찬회를 열었는데 그것이 지금에 이르러 뷔페가 되었다. 장소에 비해 손님이 많을 때 음식 테이블은 별도로 두지 않고 메뉴에 따라 담아 손님용 테이블에 마련한다.

시간에 구애를 받지 않고, 식성에 맞게 스스로 덜어 먹을 수 있는 식사 형태이며, 좌석 순서나 격식이 크게 필요하지 않다.

① 테이블 스타일(table style)

- 스탠딩 뷔페 파티(standing buffet party) : 한 손에 접시를 들고 다른 한 손으로는 포크를 들고 서서 대화를 하며 즐기는 식사
- 시팅 뷔페 파티(sitting buffet party) : 음식을 미리 차려 놓고 손님이 원하는 만큼 가져다 먹으며 즐기는 식사
- 테이블 뷔페 파티(table buffet party) : 메뉴를 적정량씩 담아 손님용 라운드 테이블에 직접 차리는 식사

② 서비스 스타일(service style)

- 싱글 서비스(single service) : 벽 쪽에 뷔페 테이블을 붙여 놓거나 좁은 공간에서 서비스할 때의 스타일
- 듀플리케이트 서비스(duplicate service) : 넓은 공간에서 많은 사람들에게 빠르게 서비스하기 위해 같은 메뉴를 양쪽에 세팅하는 스타일
- 테이블 서비스(table service) : 한정된 인원이 앉아 요리를 가운데 모아 두고 덜어 먹는 스타일

[그림 7-2] 뷔페 파티

3. 시간대에 따른 파티

(1) 조찬회(breakfast meeting) : 7~10시

아침 식사를 하면서 미팅을 하는 스타일로 바쁜 비즈니스맨을 위하여 이른 아침에 간단하게 하는 것이다. 화려한 장식보다는 푸른 식물을 위주로 테이블을 꾸미는 것이 좋다.

(2) 오찬회(luncheon) : 11~15시

점심 식사를 겸하여 갖는 간단한 스타일로 알코올이 적다. 음식 자체가 센터피스가 되어도 무방하고 런천매트(luncheon mat) 등으로 간결하게 세팅하며 손이 많이 가지 않게 꾸미는 것이 좋다.

(3) 오후 티타임(afternoon tea party) : 14~15시

영국에서 유래한 여성들의 사교 모임으로 휴식 시간(break time : 오후 2~5시)에 간단하고 가볍게 한다. 격식을 갖출 수도 있고 갖추지 않을 수도 있으며, 보통 엘리건트 스타일로 꾸미는데 모임의 성격에 따라 바뀐다.

테이블 세팅에 신경을 쓰며 음식보다는 분위기를 즐긴다. 홍차를 비롯하여 각종 차와 커피 등의 음료, 쿠키, 케이크, 과일 등이 주를 이룬다. 경단이나 한입 크기로 먹을 수 있는 핑거푸드(finger food)도 잘 어울린다.

(4) 칵테일 파티(cocktail party) : 17~20시

스탠딩 형식으로 공식 행사나 비공식 행사, 시사회 등에서 식사를 대용하여 간단하게 칵테일을 겸할 수 있는 파티를 말한다. 만찬회나 테이블 서비스 파티에 비해 비용이 적게 들어 부담이 없으며, 보통은 형식에 얽매이지 않아 자유롭게 이동이 가능하고 참가자의 복장이나 시간에 제약이 별로 없으나 매우 격식 있게 준비하여 식사 전에 손님들에게 식사 분위기를 고조시키는 칵테일파티도 있다. 이벤트적인 성격을 띠고 있으며, 규모와 제공하는 메뉴 등이 다양하고, 서비스 방법도 다양하게 이루어진다. 여러 가지 주류와 음료를 중심으로 핑거푸드 등 가벼운 안주가 준비되고, 장식은 단순하게 한다.

[그림 7-3] 오후 티타임　　　　　　　　　　　　[그림 7-4] 칵테일 파티

(5) 와인 파티(wine party) : 17~20시

포도주가 주가 되는 파티를 말하며, 준비하는 포도주의 종류가 중요한 포인트가 된다. 여러 종류의 포도주를 준비하고 여기에 어울리는 치즈를 곁들인다. 어류에는 순한 백포도주, 육류에는 진한 적포도주, 디저트류에는 샴페인이나 달콤한 백포도주를 곁들인다.

[그림 7-5] 와인 파티

(6) 만찬회(dinner party) : 20~23시

착석 스타일의 풀코스 파티로 원칙에 따라 복장과 테이블 세팅, 식순, 좌석표 등을 갖춘 올드 프렌치(old french)식으로 진행된다.

4. 특정 목적에 따른 파티

(1) 가정

생일 파티, 결혼 기념 파티, 약혼식, 돌잔치, 피로연, 회갑연 등이 있다.

① 생일 파티

생일을 축하하기 위한 파티로, 초대된 사람들에게 축하를 받고 함께 즐기는 재미가 있다. 어린아이들 위주로 많이 이루어지는데 아이의 시선에 맞게 장식하는 것이 중요하며, 부모는 그날만은 아이들의 날임을 강조하고 차분한 분위기로 이끌 수 있게 분위기를 조성해 주는 것이 좋다. 초대받은 아이들의 부모는 아이에게 손님으로서 가는 날임을 상기시키고 선물이나 카드를 준비해서 보낸다.

② 결혼 기념 파티

　　결혼 기념일은 결혼한 상대와 같이 보내 온 시간을 기뻐하며 서로에게 감사하고 마음을 재확인하는 날로 햇수가 쌓일수록 신뢰감이 높아진다고 하며, 선물을 주고받으며 마음이 훈훈해진다. 처음에는 둘이서 함께 식사를 하며 서로에게 축하를 하는 정도였지만 갈수록 더 많은 사람들에게 축하를 받으면서 파티가 성대해졌다.

[그림 7-6] 생일 파티

[그림 7-7] 결혼 기념 파티

(2) 회사

개업 파티, 창립 기념 파티, 취임식, 시상식, 신제품 론칭 파티 등이 있다.

① 개업 파티

　　기업의 이미지에 맞게 테마 색을 선정하는 것이 중요하다. 대부분 기업 로고의 색을 선택하여 신뢰와 편안한 느낌을 주며, 초록색이나 파란색 계열을 선호한다.

② 시상식 파티

　　시상식에는 기업체의 직원이 직접 참석하므로 그만큼 중요하다고 할 수 있다. 주요 테마 색이나 공간 장식은 회사를 대표하는 것으로 아이디어를 잡아 주는 것이 좋다.

(3) 학교

입학과 졸업 파티, 동문회, 사은회, 오리엔테이션 파티 등이 있다.

(4) 정부

국빈 행사, 국경일 기념 파티, 정부 수립 행사 등이 있다.

[그림 7-8] 정부 행사

(5) 기관

정기 총회, 이사회, 국제 행사 등이 있다.

(6) 문화

영화 론칭 파티, 영화 테마 파티, 음악회, 전시 오프닝 파티 등이 있다.

① 영화 론칭 파티

영화의 테마에 맞추어 콘셉트(concept)를 준비하는 것이 중요하고, 그에 맞는 상황 연출을 이용하여 파티에 응용하는 것이 좋다. 요즘은 더욱이 영화 제작 발표회, 언론 기자 회견, 흥행 기원 고사 등 영화와 관련된 일들을 돋보이게 하기 위해 파티를 열어 행사를 진행한다.

② 음악회

파티의 주(主)가 되기도 하고 부(部)가 되기도 한다. 손님과 분위기에 따라 클래식, 재즈, 국악, 록 등 음악의 장르나 테마를 선정하는 것이 중요하다. 최근에는 음악에 관한 설명을 해 주며 진행하기도 한다. 연주자를 위해 연주자 대기실을 준비하는 등 세심하게 배려해야 한다.

[그림 7-9] 전시 오프닝 파티

(7) 테마

핼러윈, 밸런타인데이, 크리스마스, 포틀럭 파티, 매칭 파티 등이 있다.

① 핼러윈(halloween)

10월 31일로 유령이나 괴물 등 다양한 분장을 하고 즐기는 축제이며, 분장한 꼬마들이 과자나 사탕을 받으러 오면 어른들이 넣어 준다. 고대 켈트인의 전통 축제가 기원으로, 이날 죽은 사람이나 악령이 깨어 나온다고 믿었다. 오렌지색과 검은색이 상징색이며, 대표적인 음식으로는 호박파이가 있다.

[그림 7-10] 핼러윈

② 밸런타인데이(valentine day)

2월 14일로 원래는 순교한 로마의 성직자 발렌티누스를 기념한 크리스트교(기독교)의 축일이었지만 지금은 연인들의 날로 발전하였다. 대체적으로 여자가 평소 좋아하던 남자에게 초콜릿을 주며 고백한다. 붉은색, 흰색, 분홍색이 상징색이며, 초콜릿과 적포도주가 대표 음식이다.

[그림 7-11] 밸런타인데이

③ 크리스마스(christmas)

12월 25일로 예수의 탄생을 축하하는 날이며, 그 전날인 24일은 크리스마스이브이다. 유럽 각지에 있었던 태양 신앙, 수확제, 동지제 등에 담겨 있던 기원과 크리스트교가 연결되어 지금의 크리스마스가 되었다. 나무와 산타클로스가 대표적 상징이고, 빨간색과 녹색, 백색, 금색을 많이 쓴다. 구운 칠면조(roast turkey)와 크리스마스 푸딩이 대표 음식이고, 카드나 편지를 써서 주기도 한다.

[그림 7-12] 크리스마스

④ 포틀럭 파티(potluck party)

미국에서 유래하였으며, 각자가 요리를 하나씩 준비하고 모여서 다 같이 즐기는 파티이다. 모임을 주최한 사람은 장소를 제공하고 그릇과 수저 등만 내놓으면 되고, 참가자들이 만든 요리를 들고 오는 형태이다.

색다른 파티 분위기를 즐기고 싶지만 혼자서 파티 준비를 해내기 어려운 학생들과 젊은 사람들 사이에서 인기가 좋다. 주최자는 메뉴를 분류해서 참석하는 사람들에게 요리를 한 가지씩 만들어 오게 하며, 멋지고 재미난 콘셉트와 파티 장식에 신경을 쓴다. 음식을 서로 분담하여 간단하게 해결함으로써 실용적인 파티를 즐길 수 있다.

5. 장소에 따른 파티

(1) 실내 파티

결혼식, 생일 파티, 정년 퇴임식, 출판 기념식, 정찬 파티, 리셉션, 칵테일 파티, 티 파티, 뷔페 파티 등이 있다.

① 정찬 파티(table service party)

가장 정식인 연회로 경비의 규모가 크고 사교상 중요한 목적을 띠고 있다. 정찬 파티에 있어 주의할 점은 연회장의 넓이와 참석자의 수, 연회의 목적에 따라 테이블을 배치해야 한다는 것이다. 또한 좌석 배열에 따라 사회적 지위, 연령이 구분되기 때문에 주최자와 충분한 사전 협의가 이루어져야 한다.

② 리셉션(reception)

국가적 행사나 공공 기관 또는 회사가 손님을 초대하여 베푸는 공적인 파티를 말한다.

• 식전 리셉션 : 초대된 손님들이 식전에 서로 모여 교제할 수 있도록 하고 한입에 먹을 수 있는 크기의 간단한 핑거푸드를 제공한다. 다양한 종류로 풍부하게 제공하기보다는 손님의 식욕을 돋우는 정도의 음식과 음료를 준비하는 것이 좋다.

• 풀 리셉션 : 목적, 행사의 규모, 성격에 따라 주최자가 요구하는 정도로만 음식이 준비되며, 일반적으로 두 시간 정도 진행된다. 주로 카나페, 샌드위치, 치즈 등 손으로 집어 먹을 수 있는 음식을 내고, 주류는 포도주를 제공한다.

[그림 7-13] 리셉션

(2) 실외 파티

가든 파티, 피크닉 파티, 바비큐 파티 등이 있다.

① 가든 파티(garden party)

가장 쾌적하고 좋은 날씨를 택하여 정원이나 경치 좋은 야외에서 하는 파티를 말한다. 다른 형식의 실외 파티와는 달리 평상복이 아니라 정장 차림으로 참석해야 하는 모임이다.

음식은 한입 크기로 준비하고 맛 좋은 품목으로 훌륭한 접시 위에 예쁘게 담아내도록 한다. 보통 오후에 열리며 차와 함께 음료를 준비하고 스탠딩 형식으로 진행된다.

[그림 7-14] 가든 파티

② 바비큐 파티(barbecue party)

바비큐는 고기나 소시지, 채소 등 각종 재료를 꼬치에 꿰거나 석쇠에 얹어 숯불에 구워 먹는 요리로, 바비큐 파티는 말 그대로 바비큐를 즐기는 파티라고 할 수 있다.

바비큐 파티는 미국에서 주부들이 주방을 벗어나 뒤뜰에서 바비큐를 구운 것(the backyard barbecue)에서 시작되어 지금은 전 세계적 사람이 즐기는 문화가 되었다. 화덕이나 화로를 이용하는 것이 일반적이며, 다양한 재료를 개인 취향에 따라 선택하여 자유롭게 즐길 수 있는 캐주얼한 파티이다.

[그림 7-15] 바비큐 파티

파티 연출

1. 파티 메뉴 계획

파티를 연출할 때 메뉴 계획을 위한 기본 원리는 너무나도 중요하다. 알라카르트(a la carte) 메뉴나 대부분의 뷔페 메뉴에서와 같이 손님이 각자 마음대로 음식을 선택할 수 있는 경우에서의 메뉴 계획은 이미 정해져 있어 정식 만찬 파티 메뉴를 짤 때보다는 덜 신경 쓰이지만 그래도 대부분 신중히 심사숙고해서 세워야 한다.

(1) 미식적인 측면

메뉴는 단편적으로 짜기보다는 전체적으로 통일성 있게 짜도록 하여 음식의 색상과 재료, 질감이 다양하게 배합되도록 하며, 전체적인 균형과 조화가 중요하다.

화려하게 보이기 위해 가니시를 과도하게 한 음식, 만드는 데 일손이 많이 필요한 음식, 배를 부르게 하는 음식들로만 메뉴를 구성하면 곤란하므로 간단하고 가벼운 음식과 든든한 음식을 균형 있게 구성해야 한다.

(2) 경제적인 측면

어떤 가격 수준을 설정하든지 주최 측은 예산을 고려해야 한다. 파티 계획에 따라서 가격에 합당한 메뉴를 짜야 하는데 숙련된 기술을 가진 요리사를 쓸 때는 시간에 따라 돈을 지불해야 하므로 지나치게 손이 많이 가는 음식을 피하여 메뉴를 구성하는 것이 좋다.

(3) 실제적인 측면

메뉴 선택에 있어서 먼저 고려해야 할 요소는 주방 설비이다. 정해진 시간 내에 음식을 조리하여 차려 낼 수 있는 설비 능력을 갖추고 있는지의 여부는 간단한 것 같으면서도 실제로 중요한 문제이다.

또한 요리사의 기술이나 능력에 맞추어 메뉴를 계획해야 하며, 그들이 만들어 본 경험이 없는 음식은 목록에 넣지 않도록 해야 한다. 그리고 모든 음식이 모든 서비스 방법에 다 적합한 것은 아니기 때문에 서비스 형태를 고려하여 메뉴를 구성해야 한다.

2. 파티에 사용하는 음료

파티에 사용할 수 있는 음료의 종류는 각양각색이며, 이 각양각색의 음료를 서비스하는 방법도 손님이 직접 가져가서 마시도록 테이블이나 사이드보드를 이용하여 제공하는 방법에서부터 웨이터나 바 서비스(bar service)를 이용하는 방법에 이르기까지 다양하다.

음료의 질과 양은 서비스 형태, 손님의 연령 수준, 재정적 비용 부담 등 상황에 따라 달라진다. 손님이 직접 음료의 값을 지불하는 경우에는 연회 담당자가 단지 적당한 음료를 정확하게 공급해 주기만 하면 되는데, 음료 비용이 티켓 가격에 포함되어 있다든지, 주최 측이 직접 지불한다든지 하는 경우에는 수요와 공급의 문제가 때때로 발생하게 된다.

리셉션이나 스탠딩 파티에 참석하는 손님들은 대개 파티 시작 전후 첫 시간 동안은 15분당 한 잔꼴로 음료를 마시는 경향이 있으므로 인원수와 시간을 계산하여 음료량을 준비하면 된다. 하지만 그 한 시간이 지나면 별로 마시지 않게 된다. 손님들이 식탁에 앉아서 식사를 하는 경우에는 제공하는 포도주의 양을 조절하는 데 별문제가 없다.

[그림 7-16] 파티에 사용하는 음료

(1) 포도주(wine)

① 포도주는 실내 온도 정도에서 서비스해야 하므로 포도주 수성 저장실에서 미리 꺼내 놔서 병을 두 시간 정도 실내에 두어야만 온도가 점차 올라가 실내 온도와 일치하게 된다.

② 포도주의 향기를 내기 위해서 큰 유리잔에 담아 서비스하며, 보통 190mL 유리잔을 사용한다.

③ 포도주가 손의 열기에 영향을 받지 않도록 다리가 있는 유리잔을 사용해야 한다.

(2) 그 밖의 음료

① 맥주

비교적 비공식적인 파티에 걸맞은 음료이며, 상대적으로 값이 싸다는 장점이 있다. 그러나 서비스에 신경을 써야 하는 경우에는 적당하지 않다.

② 펀치(punch)

과일즙에 설탕, 양주 등을 섞은 음료로 파티용 서비스에 아주 적합하다.

③ 칵테일(cocktail)

독한 양주를 적당히 섞은 후 감미료나 방향료, 과즙을 얼음과 함께 혼합한 술로 정확한 레시피로 만들어야 한다.

3. 파티 테이블 세팅(스탠딩 뷔페 파티 기준)

즐거운 이야기와 마음이 담긴 식사를 제공하는 모임이나 연회가 곧 파티이다. 형식에 치우친 세팅보다는 간소해도 세심한 마음 씀씀이로 모두가 즐길 수 있도록 세팅하는 것이 더 중요하며, 파티 테이블 세팅 시 유의사항은 다음과 같다.

① 방이 비교적 넓으면 요리를 놓는 테이블을 방 한가운데에 둔다.

② 테이블클로스는 바닥까지 늘어뜨리고, 때에 따라서는 테이블 가장자리를 주름잡아 우아한 멋을 연출한다.

③ 공간이 한정되어 있을 때는 요리를 놓는 테이블을 벽이나 창 쪽으로 붙여서 옆으로 길게 놓는다.

④ 화려한 인상을 주기 위해 중앙에 다소 큰 계절 꽃이나 테마가 되는 소품을 장식한다.

⑤ 천장과의 공간을 고려하여 입체적으로 구상하고, 연회장이 넓어 보이도록 연출하면 효과적이다.

⑥ 전체적인 색조를 결정하여 주가 되는 색상에 꽃, 의상, 양초, 리본 등을 알맞게 장식하면 연회장을 보다 더 아름답게 보이게 할 수 있다.

⑦ 따뜻한 음식은 따뜻하게, 차가운 음식은 차갑게 손님들이 맛볼 수 있도록 신경을 쓴다.

⑧ 사이드 테이블과 의자를 준비하여 몸이 불편하거나 앉아서 먹고자 하는 사람들을 배려하는 것이 좋다.

⑨ 서서 먹는 경우에는 요리를 담은 후 신속하게 중앙 테이블에서 떨어지는 것이 다른 사람을 위한 배려이다. 그럴 경우를 위해 따로 소형 테이블을 준비하여 중앙 테이블과 비슷한 디자인으로 꾸며 놓는다.

⑩ 소형 테이블은 손님들이 사용한 그릇과 컵을 그대로 중앙 테이블에 방치하여 중앙 테이블이 혼잡해지는 것을 사전에 예방하기 위해서도 필요하다.

⑪ 손님들이 계절감을 느끼면서 그 장소에 오래 머물고 싶어할 수 있도록 연출한다.

[그림 7-17] 파티용 음식 세팅

4. 파티의 중요성과 파티 연출의 전망

(1) 파티의 중요성

① 질 높은 삶을 추구하기 위해 동원되는 갖가지 이벤트와 주5일 근무제라는 사회적 변화는 소비 문화의 패턴 변화는 물론 개인 스스로가 소비 주체가 되어 유쾌하게 즐길 수 있는 문화를 직접 찾아다니게 하는 결과를 낳았다.

② 사람마다 취미와 흥미가 다르고, 성격이나 문화 수준, 교육의 정도 차이에 따라 만족도가 다르게 나타나지만 이들의 공통분모는 결국 기쁨과 만족, 기분 전환, 자기 계발에 있다.

③ 가족의 특성과 기호에 맞게 개인이 특성을 중시하는, 즉 '개성'이 문화인 시대가 왔다. 개개인들 개성에 따라 언어와 문화가 느껴지는 다양한 커뮤니티가 형성되면서 이제 파티는 앞선 문명을 따라하는 문화가 아닌 우리가 주체가 되어 능동적으로 움직이는 바로 우리의 문화가 되었다.

④ 유쾌하고 진한 감동이 있는 파티 문화는 우리 사회의 큰 축제로 자리를 잡으며 적극적이고 긍정적인 사회 분위기를 형성하는 원동력이 된다.

(2) 파티 연출의 전망

① 종전에는 파티 또는 잔치라 하면 식사 중심이었으나 오늘날의 파티는 일종의 퍼포먼스 형식으로 행해진다.

② 파티의 주종인 음식 외에도 분위기를 고조시켜 줄 다양하고 참신한 이벤트가 필요하고, 단순한 파티가 아니라 하나의 문화로 이끌 수 있는 전문인이 필요해졌다.

③ 필요한 요소를 소화해 낼 수 있고, 급변하는 사회 문화를 읽어 낼 수 있는 능력과 음식에 대한 전문 지식이 있으며, 미술이나 꽃과 관련된 공부를 한 사람이면 더욱 유리하다. 독창적인 아이디어로 항상 참신하고 획기적인 것을 개발하기 위한 노력이 필요하다.

④ 파티는 이제 인간관계의 폭을 넓히고 친목을 돈독히 하여 감동으로 이어갈 수 있는 중요한 커뮤니케이션의 도구가 되었다.

⑤ 파티는 동일한 목적과 의지를 가진 사람들이 함께 모여 정보를 교류하고 자신을 업그레이드할 수 있는 사교 목적의 장으로서 대중화되어 일반적인 문화로 자리매김해 나갈 것이다.

8장

차(茶)와 행다례(行茶禮)

감수 : 정은숙(한국발효음식협회 부회장, 한국요리학원 원장)

차(茶)와 행다례(行茶禮)

차의 유래와 나라별 차 문화

1. 차의 유래

차의 기원에 대한 이야기는 여러 가지가 있는데, 그중 대표적인 것은 중국 고대 전설상의 제왕인 신농씨(神農氏) 전설이다. 이 전설에 따르면 기원전 2737년경 신농씨가 나무 아래에서 물을 끓이고 있었는데 나무에서 잎이 저절로 떨어져 끓던 물로 들어갔다. 이 물의 향과 색이 좋아서 우러난 물을 마셨더니 독초 중독을 이길 수 있었고, 기분이 좋아지고 머리가 맑아지며 집중이 잘되고 맛있어서 그 후 즐겨 마셨는데, 이것이 차의 시작이 되었다고 한다.

이 외에도 중국 춘추 전국 시대의 명의인 편작의 아버지 무덤에서 차나무가 돋아났다는 설과 불제자인 의원 기파가 딸 무덤에 약을 뿌린 후 차나무가 돋아났다는 설 등이 전해진다.

차의 역사는 2000년 이상 되었다. 찻잎은 처음에 의약용으로 사용하였으나 시대가 지나 6세기

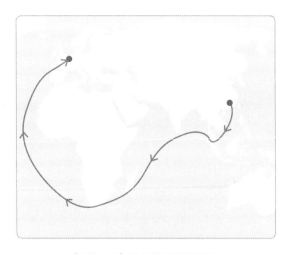

[그림 8-1] 차 문화의 전파 경로

[그림 8-2] 한중 차 문화 교류

경부터 식품으로 일반화되었다. 음차(飮茶)가 당나라 시대부터 서민들에게 전파되었고, 이때부터 꽃이 차로 이용되었다. 송나라 때에는 찻잎을 분말로 만들어 먹기 시작하였고, 명나라 때에는 고형차(固形茶)가 금지되고 산차(散茶)라고 하는 잎차가 주류를 이루었으며, 이후 점차 찻잎을 넣고 뜨거운 물을 넣어 마시는 포차법(泡茶法)으로 변해 갔다.

청나라 때에 완성된 차 문화는 네덜란드인에 의해 유럽으로 전파되어 홍차 문화로 발전하였고, 여러 나라에서 마시는 음료로 정착되었다.

2. 나라별 차 문화

(1) 중국의 차 문화

중국 사람들은 다관(茶館 : 차방, 다방)을 자주 이용한다. 다관은 당나라 시대에 중요한 성시(省市)에 위치하여 사람들이 돈을 내고 차를 마셨던 것으로부터 유래하는데 남송 시대에는 대화를 나누거나 강연, 오락의 장소로 사용되기도 하였다. 명·청 시대에는 다관이 농촌에도 보급되어 정보 교환이나 휴식의 장소로 널리 이용되었다.

[그림 8-3] 중국 차

차나무 원산지 부근에서는 소수 민족에 의해 독특한 차가 계속 이어져 오고 있다. 다이족(傣族 : 태족)은 찹쌀 향이 첨가된 나미향차(糯米香茶)와 생찻잎을 바나나잎에 싸서 굽고 대나무통에서 우려낸 죽통차(竹筒茶)를 마시고, 지뉘족(基諾族 : 기낙족)은 찻잎을 수프처럼 만든 량반차(凉拌茶)를 마신다.

(2) 한국의 차 문화

한국 차의 유래에 대해서는 자생설, 전래설, 전파설 등 다양한 설이 있지만 본격적으로 차 문화가 시작된 것은 당나라에서 차 종자를 가지고 와서 심으면서부터였다고 한다.

고려 시대에 들어 불교 문화의 영향으로 차가 발전하기 시작하였고, 조선 시대에는 유교 문화로 인해 차의 보급이 점차 쇠퇴해 갔으나 일부에서는 계속 보급이 이루어졌고 초의(草衣) 의순(意恂), 다산(茶山) 정약용(丁若鏞), 추사(秋史) 김정희(金正喜) 등 다인들이 배출되기도 하였다. 특히 초의 선사라 불리는 의순은 우리나라 최초의 차 관련 서적인『동다송(東茶頌)』을 지어 차를 재배하고 마시는 법 등을 이론적으로 정립하여 다도를 부흥시켰고, 정약용은 제자들과 함께 다신계(茶信契)를 조직하여 차를 직접 만들고 나누어 마셨다.

그러다가 일제 강점기 시대에 와서 일본인들이 차를 제조하였기 때문에 다시 보급이 점차 늘어나게 되었고, 1960년대에 전라남도 지역에 정부가 다원(茶園)을 조성한 이후로 차 문화가 현재까지 이어져 오고 있다.

[그림 8-4] 한국의 차 예절

(3) 일본의 차 문화

일본에서 차를 마시기 시작한 것은 중국 당나라에서 건너온 승려들에 의해 차가 보급된 나라(奈良) 시대 때부터이다. 이때는 찻잎을 건조시켜 끓여 마시는 단차(團茶)를 즐겼다.

헤이안(平安) 시대에 와서 한 승려가 중국 당나라에서 차 종자를 가져와 심으면서부터 직접 차를 재배하기 시작하였는데, 그 당시에는 차를 귀하고 비싸게 여겨 귀족이나 승려, 불교 행사에서만 사용하였다.

그 후 중국 송나라에서 말차법(抹茶法 : 말린 찻잎을 차 맷돌에서 가루 내어 마시는 것)이 전해지면서 차가 건강에 좋은 약이라는 인식이 퍼지며 차 문화가 부흥하였다. 말차는 현재 중국에서는 사라지고 일본에서 다도에 이용되는 차로 남아 일본의 독특한 차 문화로 자리 잡았다.

 일본의 차 정신

- 와케이세이자쿠(和敬淸寂 : 화경청적) : 서로 화합하고, 남을 존중하며, 마음을 맑게 가다듬고, 행동을 조용하게 가라앉힌다.
- 이치고이치에(一期一会 : 일기일회) : '일생에 단 한 번의 만남'이라는 뜻으로 사람의 만남을 일생에 단 한 번밖에 없는 소중한 인연으로 생각해서 진지하게 여기고 마음을 동일시한다.
- 와비(侘び) : 다소 결점이 있더라도 그 상태에 아름다움이 있다는 생각으로 '불완전의 미'를 의미한다. 부족함 속에서 마음의 충족을 이끌어 내는 일본인의 미의식으로 다도의 경지를 나타내는 개념으로 정착되었다.

센고쿠(戰國) 시대 때는 다인(茶人) 센리큐(千利休)에 의해 다도(茶道)가 정립되었고, 에도(江戶) 시대에 중국 명나라로부터 온 승려가 잎차를 찻주전자에 넣고 우려 마시는 센차(煎茶 : 전차)를 전하면서부터 차가 서민들의 일상 음료로 자리를 잡았으며, 현재까지 차 문화가 이어져 오고 있다.

[그림 8-5] 일본의 차 문화

(4) 영국의 차 문화

영국의 차는 홍차가 대부분인데, 이 역사 또한 중국에서부터 유래되었다. 차는 17세기 초 명나라 시대에 네덜란드인에 의해 유럽으로 전파되었고, 영국은 그 이후에 네덜란드에서 차를 수입하여 보급하기 시작하였다.

영국에서 차 문화가 활성화되기 시작한 것은 포르투갈의 캐서린 공주가 찰스 2세에게 시집을 갈 때 차와 설탕을 가지고 가서 영국 상류층에 차를 유행시키면서부터이다. 이때 차를 기호 식품으로 마시는 습관이 정착되었고, 점차 상류 사회에서 일반인들에게까지 차가 확대되었다. 이후 영국의 홍차는 브랜드화되어 판매되기 시작하였고 지금의 홍차 문화를 이루었다.

현재 홍차는 영국 사람들에게 생활의 일부가 되었다. 아침에 일어나서 마시는 얼리티(early tea), 아침 식사 시간에 브렉퍼스트티(breakfast tea), 오전 11시경에 일레븐시즈티(elevenses tea), 오후 4시경 간식을 먹으며 사교를 즐기는 애프터눈티(afternoon tea), 오후 6시경 저녁 식사 시간에 하이티(high tea), 저녁 식사 후에 애프터디너티(after dinner tea), 잠자기 전에 나이트티(night tea)로 하루 내내 티타임이 이루어진다.

[그림 8-6] 자기 다구

차의 분류

1. 색상에 따른 분류

차는 그 차를 우려냈을 때의 찻물의 색(탕색(湯色) 또는 수색(水色)이라고 한다)에 따라 분류된다. 흔히 중국에서는 백차(白茶), 녹차(綠茶), 황차(黃茶), 청차(靑茶), 홍차(紅茶), 흑차(黑茶)의 여섯 가지로 분류하였는데, 이는 차를 만드는 방법과 깊은 관계가 있다.

종류	특징
백차(白茶)	• 솜털이 덮인 차나무의 어린잎을 따서 비비거나 흔들어 발효를 촉진시키지 않고 그대로 천천히 건조하여 1~9% 정도로 조금만 발효시킨 것이다. • 찻물의 색이 백색으로 연하고 맑으며, 향기가 산뜻하고, 맛이 담백하다.
녹차(綠茶)	• 찻잎을 따서 그대로 증기로 찌거나 솥에 덖는 등 열처리하여 산화 효소를 불활성화시킨 차로 발효가 전혀 되지 않아 찻잎 고유의 녹색이 그대로 유지되기에 녹차라 한다. • 떫은맛과 쓴맛이 적고, 향이 오래 지속되며, 맛이 깔끔하다.
황차(黃茶)	• 녹차를 만드는 방법과 같이 효소를 파괴시킨 뒤 종이나 천 등으로 찻잎을 싸서 고온다습한 곳에서 약하게 발효시키는 민황(悶黃) 작업을 거치는 과정에서 찻잎에 성분 변화가 일어나 황색을 띠게 된다. • 찻물의 색도 황색이고, 맛이 순하고 부드럽다.
청차(靑茶)	• 녹차와 홍차의 중간 정도로 발효시킨 부분발효차로 찻물의 색과 관계없이 위조(萎凋 : 생잎의 수분을 증발시켜 시들게 하는 과정) 과정에서 찻잎이 은색을 띤 청색으로 변하기 때문에 청차라고 부른다. • 녹차의 산뜻한 맛과 홍차의 깊은 맛을 같이 느낄 수 있는 차로 부드러운 꽃향기와 달콤한 과일향이 특징이다. • 만드는 과정에서 위조를 어느 정도 하느냐에 따라 오룡차(烏龍茶 : 흔히 우롱차라고 함)와 포종차(包種茶)로 나뉘는데, 15% 정도로 발효도가 낮은 것을 포종차라 하고, 그 이상 발효된 것을 오룡차라고 한다. 지금은 포종차도 포함하여 모든 청차를 오룡차라고도 한다.
홍차(紅茶)	• 발효가 80% 이상 된 차로 차를 끓이면 홍색을 띠고 떫은맛이 강하다. • 그대로 우려 마시거나 우유를 첨가하여 마신다.
흑차(黑茶)	• 차가 건조되기 전에 퇴적시켜 곰팡이가 번식하도록 함으로써 미생물에 의해 후발효가 진행되도록 하여 만든다. • 주로 덩어리로 만든 고형차의 형태로 생산되며, 완성된 뒤에 발효가 계속되기 때문에 오래될수록 맛과 향이 깊어진다. • 찻잎은 흑갈색을 띠고, 찻물은 갈황색이나 갈홍색을 띠며, 독특한 풍미를 느낄 수 있다.

 홍차

1. 홍차란 무엇인가?

'차(tea)'란 차나무의 어린잎이나 순을 따서 가공한 것을 말하며, 홍차는 이 차를 80% 이상 완전 발효시킨 것으로 떫은맛이 강하다. 1610년 전후 중국 푸젠성(福建省 : 복건성)의 우이산(武夷山 : 무이산)에서 시작되어 인도네시아, 인도로 전파되었다.

외형적으로는 갈색을 띠지만 우려내면 붉은 빛이 돌기 때문에 동양에서는 홍차(紅茶)라고 했는데, 중국에서 홍차를 수입해 가는 동안 습도와 온도의 영향으로 갈색이던 홍차가 검은색으로 바뀌어 찻잎이 검은색을 띤다 하여 서양인들은 블랙티(black tea)라고 불렀다.

오늘날 세계에서 생산되는 차 중 홍차는 80%를 차지한다. 녹차를 마시는 소수의 나라를 제외하면 차는 곧 홍차를 의미하고, 외국 호텔이나 항공기 내에서 'tea or coffee?'라는 질문을 받을 때의 차(tea) 역시 홍차를 지칭한다.

2. 홍차를 즐기는 포인트

홍차를 즐기는 포인트는 색, 맛, 향기이다. 색은 밝고 붉은색이어야 하며, 진하게 끓여도 투명감이 있어야 한다. 맛은 포근하면서도 약간 떫은맛이 있는 것이 특색이다. 향기는 방향이 가장 중요한데 산지나 가공 기술, 브랜드에 따라 각각 다른 향기를 즐길 수 있는 것이 매력이다.

세계의 3대 홍차 산지라고 불리는 곳과 그곳의 대표 홍차는 다음과 같다.

① 인도
- 다즐링(darjeeling) : 인도 북부에서 봄에 많이 난다. 우바, 기문과 더불어 세계 3대 홍차의 하나이며 '홍차의 샴페인'이라고 불린다. 머스캣(muscat : 세계에서 가장 오래된 포도 품종으로 맛과 향이 좋다)과 같은 방향이 특징이다.
- 아삼(assam) : 인도 북부의 히말라야에서 나며, 맛이 강하고 진한 차(strong tea)로 몰트(malt) 향이 난다.

② 스리랑카(옛 이름은 실론)
- 우바(uva) : 세계 3대 홍차 중 하나로 스리랑카 중부 고산 지대에서 난다. 밝은 오렌지빛에 장미꽃과 같은 향기가 나는 것이 특징이다.

③ 중국
- 기문(祁門 : 치먼) : 세계 3대 홍차 중 하나로 중국 안후이 성(安徽省)의 기문 지방에서 난다. 선홍색에 난초와 같은 깊은 향이 특징이다.

3. 홍차와 어울리는 과자 즐기기

① 홍차의 맛과 향기를 더욱 즐기려면 강한 알코올을 사용한 과자나 개성이 강한 재료를 넣어서 만든 과자는 피하는 것이 좋다.

② 초콜릿이나 차가운 빙과(氷菓), 소스를 끼얹는 과자 등도 피하는 것이 좋으며, 또한 나이프로 자르면서 먹는 것도 피하는 것이 좋다.

③ 손으로 집어서 한 입 또는 두 입에 먹을 수 있는 과자가 적당한데 슈크림, 쿠키, 버터케이크, 컵케이크 등이 좋으며, 스콘이나 샌드위치를 작게 만들어 먹는 것도 좋은 방법이다.

2. 발효 정도에 따른 분류

분 류	종 류	발효도	대표적인 차
비발효차(不醱酵茶)	녹차	0%	• 용정차(龍井茶) • 벽라춘차(碧螺春茶) • 백용차(白龍茶) • 몽정감로(夢頂甘露) • 말리화차(茉莉花茶) • 모봉차(毛峰茶) • 노조청차(老粗靑茶)
발효차(醱酵茶)	경(약)발효차 (輕醱酵茶) / 백차	5~15% (효소)	• 백모단(白牡丹) • 백호은침(白毫銀針)
	반(부분)발효차 (半醱酵茶) / 청차(포종차)	15% (효소)	• 문산포종차(文山包種茶)
	청차(오룡차)	30% (효소)	• 동정오룡차(凍頂烏龍茶) • 옥산차(玉山茶) • 아리산차(阿里山茶) • 매산차(梅山茶) • 금훤차(金萱茶) • 석고오룡(石古烏龍)
		40% (효소)	• 안계철관음차(安溪鐵觀音茶) • 수선(水仙) • 암차(岩茶)
		70% (효소)	• 백호오룡(白毫烏龍)
	강(완전)발효차 (強醱酵茶) / 홍차	85% 이상 (효소)	• 기문홍차(祁門紅茶) • 영홍(英紅) • 정산소종(正山小種)
	후발효차 (後醱酵茶) / 황차	10~25% (산화)	• 군산은침(君山銀針) • 몽정황아(蒙頂黃芽) • 위산모첨(潙山毛尖)
	흑차	80~98% (미생물)	• 부이차(普洱茶) • 육보차(六堡茶) • 복전차(茯磚茶) • 흑전차(黑磚茶) • 천량차(千兩茶)

보이차(普洱茶 : 푸얼차)

대표적인 흑차의 하나로 윈난성(雲南省 : 운남성)의 소수 민족들이 만들어 낸 차이다. '보이차'라는 이름은 과거에 윈난 지방의 차들을 모아 공납하던 행정 소재지 '보이현(普洱縣)'에서 유래하였다. 보이차가 인기를 얻자 중국 정부는 2007년에 기존의 사모시(思茅市 : 쓰마오시)라는 이름을 보이시(普洱市 : 푸얼시)로 개명하기도 하였다.

만드는 방법에 따라 발효시키지 않은 찻잎으로 만들면 생차(生茶), 이미 발효된 찻잎으로 만들면 숙차(熟茶)라고 하는데, 생차를 병차(餅茶 : 둥근 떡 모양)로 만든 청병(靑餅)과 숙차를 병차로 만든 숙병(熟餅)이 있다.

숨 쉬는 바구니, 도가니, 항아리에 보관하며, 발효가 계속되기 때문에 한지로 싸서 덩어리 형태로 둥글게 만들어 놓는다. 계절에 상관없이 마실 수 있고, 방부 작용을 하여 장염이 있는 사람에게 좋다. 보이차를 우릴 때는 '자사호(紫沙壺)'라는 다호(茶壺 : 차를 우릴 때 사용하는 그릇)를 쓴다.

3. 형태에 따른 분류

종 류	특 징
잎차	찻잎을 그대로 덖거나 찌거나 발효시켜 보존한 차로 엽차(葉茶) 또는 산차(散茶)라고도 한다.
덩이차	찻잎을 시루에 넣고 증기로 찐 다음 절구에 넣어 떡처럼 찧어 틀에 박아낸 고형차로, 긴압차(緊壓茶)라고도 하며 다양한 모양으로 만든다. • 돈차(錢茶) : 동전 모양 • 병차(餅茶) = 단차(團茶) : 떡(인절미) 모양으로 떡차라고도 한다. • 전차(磚茶) : 벽돌이나 판자 모양 • 타차(沱茶) : 찻잔, 심장, 버섯 삿갓 모양 등
가루차	시루에서 쪄낸 찻잎을 그늘에서 말린 다음 맷돌로 미세하게 갈아 만든 차로 말차(抹茶)라고도 한다.

잎차

덩이차

가루차

[그림 8-7] 형태에 따른 차의 분류

4. 만드는 법(製茶)에 따른 분류

종류		특징
증자차 (蒸煮茶)	증제차 (蒸製茶)	• 찻잎을 수증기로 찐 후 수분을 건조시켜 만든 불발효차 • 찻잎 색이 그대로 유지되며 생잎의 풋내가 적다. • 찻잎의 모양이 곧고 맛이 담백하다.
	자비차 (煮沸茶)	• 찻잎을 더운물에 데쳐서 말리거나 식힌 후 덖어서 만든 불발효차 • 탄닌의 떫은맛을 우려내기 위한 방법으로 거친 맛이 없고 단맛이 나지만 향이 적다.
부초차(釜炒茶)		• 찻잎을 솥에 넣고 열을 가해 덖어서(물을 넣지 않고 타지 않게 볶음) 만든 불발효차 • 볶는 방법에 따라 여러 가지 말린 형태가 나오며, 맛과 향이 구수하다. • 덖음차(50% 미만으로 덖은 것)와 볶음차(50% 이상으로 덖은 것)로 구분하며, 찻잎을 덖는 정도에 따라 차의 맛과 향이 달라진다.
일쇄차(日晒茶)		• 찻잎을 그대로 햇볕에 내어 말려 만든 불발효차 • 일건차(日乾茶)라고도 한다.
발효차(醱酵茶)		• 찻잎에 있는 산화 효소를 발효시켜 만든 차로 발효 시간과 정도에 따라 차의 종류가 결정된다. • 발효 방법에 따라 일광 발효, 실내 발효, 열 발효, 밀봉 발효 등이 있다. • 발효 시기에 따라 선발효, 중간발효, 후발효 방법이 있다. • 발효 정도에 따라서 경발효차, 반발효차, 강발효차, 후발효차가 있다.

 사찰에서 차 만드는 방법

• 자비법 : 찻잎을 뜨거운 물에 재빨리 데친 뒤 식혀서 물기를 제거한 후 뜨거운 방에서 말리거나 여러 번 덖어서 완성
• 반증반부법 : 뜨겁게 달군 차솥에 약간의 물과 찻잎을 넣고 뚜껑을 닫았다가 열어 찻잎을 뒤집어가며 익힌 다음 뜨거운 방에 창호지를 깔고 찻잎을 넣어 식히고 여러 번 덖어서 완성
• 덖음법(부초법) : 뜨겁게 달군 솥에 찻잎을 골고루 뒤집어가며 익힌 후, 꺼내서 식히고 다시 덖기를 여러 번 반복하여 완성. 1960년대 말~1970년대 초에 알려진 덖음법이 현재 대부분의 수제차 기법이다.

5. 찻잎 따는 시기에 따른 분류

종 류	특 징
납전차(臘前茶)	동지(12월 22일이나 23일경) 뒤의 납일(臘日) 직전에 따서 만든 차
사전차(社前茶)	춘분(3월 21일경) 전후의 술일(戌日) 이전에 따서 만든 차
화전차(火前茶)	청명(4월 5일경) 이전에 따는 차
기화차(騎火茶)	청명 때 따서 만든 차
화후차(火後茶)	청명이 지난 후에 따서 만든 차
우전차(雨前茶)	곡우(4월 20일경) 이전에 따서 만든 차
우후차(雨後茶)	곡우가 지난 뒤에 따서 만든 차
입하차(立夏茶)	입하(5월 5일경) 때 따서 만든 차
매차(梅茶)	망종(6월 6일경) 뒤 출매(出梅) 때 따서 만든 차
추차(秋茶)	입추(8월 8~9일경)와 상강(10월 23일경) 사이에 따서 만든 차
소춘차(小春茶)	입동(11월 8일경)에 따서 만든 차

🫖 우리나라 녹차의 종류

우전(雨前)	• 곡우 이전에 따는 최고급 차 • 아직 싹이 트지 않은 어린잎으로 만든 것으로 극세작(極細雀)이라고도 한다.
세작(細雀)	• 곡우와 입하 사이에 따는 차 • 잎이 다 퍼지지 않은 어린잎을 따서 만든 것으로 참새의 혀 같다고 하여 작설차(雀舌茶)라고도 한다.
중작(中雀)	• 입하 이후부터 5월 중순 사이에 따는 차 • 세작보다 조금 자란, '창(槍)'과 '기(旗)'가 모두 퍼진 찻잎으로 만든 것으로 명차(銘茶)라고도 한다.
대작(大雀)	• 5월 중순 이후부터 5월 하순에 따는 차 • 중작보다 굵은 큰 찻잎으로 만든 것으로 잎이 거칠어 조차(粗茶)라고도 한다.
말작(末雀)	• 6~7월에 따는 차 • 굵은 잎이 대부분이며, 숭늉 대신 끓여 마시는 차로 막차라고도 한다.

다구(다기)의 종류와 사용법

1. 다구(다기)의 종류

다구(茶具)는 차를 끓여 마시는 데 필요한 찻잔, 찻주전자 등의 여러 가지 도구로 차제구(茶諸具) 또는 다기(茶器)라고도 한다.

차와 떼려야 뗄 수 없는 관계로 차와 함께 발달해 왔으며, 모양과 재질 등 그 종류가 매우 다양하다. 차의 종류에 따라 그 특성에 맞는 것을 사용하면 차의 맛과 향을 더욱 좋게 할 수 있다. 최근에는 기능적인 면뿐만 아니라 미적인 면을 고려한 다구들도 등장하고 있다.

(1) 찻잔 : 다완(茶碗), 찻종(茶鍾), 다배(茶杯)

찻잔의 모양은 입구 쪽이 바닥보다 약간 넓은 것이 마시기에 편하다. 색깔은 찻물의 아름다운 색깔을 잘 표현할 수 있는 흰색이 좋다. 잔이 크면 향이 빨리 날아가고, 잔이 작으면 향을 오래 간직하므로 향이 진한 차는 더 작은 잔을 사용한다. 특히 청차와 같이 향을 즐기는 차를 마실 때는 문향배(聞香杯)와 품명배(品茗杯)를 같이 쓰는데, 문향배는 향을 즐기기 위한 원기둥 형태의 잔으로 왼쪽에 두고, 품명배는 차를 마시는 잔으로 오른쪽에 둔다.

[그림 8-8] 다구(다기)

(2) 찻주전자

찻잎을 넣어 차를 우려내는 데 쓰는 주전자로 모양이 다양하며, 손잡이의 위치는 직접 쥐어 보아 편한 것을 고른다. 중국에서는 다병(茶瓶), 다호(茶壺)라고 하지만 우리나라에서는 대체로 다관(茶罐)이라고 하며, 손잡이의 형태에 따라 다음과 같이 구분하기도 한다.

① 다호(茶壺) : 손잡이가 꼭지 뒤쪽 반대 방향에 상하로 붙어 있는 것
② 다병(茶瓶) : 손잡이가 옆으로 꼭지와 직각을 이룬 상태로 붙어 있는 것
③ 다관(茶罐) : 대나무 뿌리 등으로 된 손잡이가 꼭지와 뒤쪽에 연결되어 붙어 있는 것

다호

다병

다관

[그림 8-9] 찻주전자의 종류

(3) 물주전자 : 탕관(湯罐)

찻물을 끓이는 주전자이다.

(4) 물 식힘 사발 : 귓대사발, 숙우(熟盂), 다해(茶海)

끓는 물이 한 김 나가도록 식히고 농도를 균일하게 하기 위해 사용하는 그릇이다.

(5) 물 버림 사발 : 개수통(改水筒), 퇴수기(退水器)

찻잔과 찻주전자를 덥힌 물과 차 찌꺼기 등을 버리기 위해 사용하는 그릇이다.

(6) 찻잔받침 : 차탁(茶托), 다배잔(茶杯盞)

찻잔과 함께 구입한 받침을 사용할 수도 있고, 나무로 된 받침을 사용할 수도 있다.

(7) 찻숟가락

차를 젓는 것은 차시(茶匙), 차를 찻주전자 등으로 옮기는 것은 차칙(茶則)이라고 한다.

(8) 차수건 : 차행주, 다건(茶巾)

찻잔 등 다구에 흐르는 물기를 닦는 데 사용한다.

(9) 차쟁반 : 다반(茶盤)

찻잔 등 다구를 보관하거나 차를 운반할 때 사용하는 쟁반이다.

(10) 찻상(茶床)

차를 마실 때에 찻잔 등 다구를 올려놓는 상으로 차 끓이는 사람이 용도에 따라 사용한다.

(11) 찻상포(茶床布)

다구에 먼지가 끼지 않도록 찻상을 덮을 때 사용하는 덮개이다.

탕관	숙우	퇴수기
찻잔받침	찻숟가락	차수건
다반	찻상	찻상포

[그림 8-10] 여러 가지 다구의 종류

2. 다구 사용법

(1) 찻주전자 사용법

① 물을 충분히 끓인 후 소독약 냄새 등 물에 있는 이취를 없애기 위해 2~3분 정도 증발시킨다.

② 뜨겁게 끓인 물을 물 식힘 사발이나 찻잔에 부어 2분 정도 식힌다. 식힌 물의 온도는 약 70~80℃ 정도면 되고 물의 양은 250mL 정도면 된다.

③ 찻주전자에 차를 10g(5인 기준) 정도 넣는다.

④ 찻주전자에 70~80℃로 식힌 물을 붓고 1분 30초간만 우려낸다. 오랫동안 차를 우려내면 떫은맛이 강해지므로 주의한다.

⑤ 찻주전자의 차를 찻잔에 고루 붓는다.

⑥ 차의 농도가 고르게 나눠지도록 3회 정도로 나누어 찻잔에 돌려가며 따른다.

⑦ 찻주전자에 있는 마지막 한 방울까지 따라 마셔야만 두 번째, 세 번째 탕의 맛에 영향이 미치지 않는다.

(2) 차수건 접는 법

① 먼저 3등분으로 접는다(하늘과 땅, 인간의 결합을 상징).

② 가운데를 마주 보도록 4등분으로 접는다(사계절을 상징).

③ 접힌 부분(벌어진 부분)이 자기 앞으로 오게 한다.

(3) 1인 다기 사용법

① 찻잔 안의 거름망에 찻잎을 2g 정도 넣는다.

② 찻잎을 적셔 가면서 70~80℃의 더운물을 50mL 정도 붓는다.

③ 뚜껑을 덮고 2분 정도 지나면 뚜껑을 열고 거름망을 들어내어 뚜껑 위에 놓는다.

④ 찻잔에 우러난 차를 음미하고 두 번, 세 번 우려내 마신다.

[그림 8-11] 1인 다기

차 우리기, 마시기, 보관하기

1. 차 우리기

차를 우려낼 때에는 물과 찻잎의 양이 맞아야 하고, 차의 종류에 따라 우려내는 시간과 물의 온도가 적당해야 한다.

(1) 차의 종류에 따른 물 온도

① 녹차

일반적으로 70~80℃에서 우리는데, 찻잎의 크기에 따라 물의 온도를 달리하기도 한다. 어린잎일수록 낮은 온도로 우리고, 높은 온도로 우릴 경우에는 찻잎이 익어 버릴 수 있으므로 짧은 시간에 우려내는 것이 좋다. 말차의 경우에는 물이 뜨거워야 맛과 향이 살아나고 거품이 잘 나며, 물의 온도가 너무 낮으면 거품이 잘 일어나지 않으므로 주의한다.

종 류	온 도	종 류	온 도
세차(세엽 : 어린잎)	55~60℃	대차(대엽 : 큰 잎)	90℃
중차(중엽 : 보통 잎)	80℃	말차(가루)	80~90℃

녹차

황차

청차

홍차

흑차

[그림 8-12] 여러 가지 차의 종류

② 백차와 황차

녹차와 마찬가지로 잎이 여리기 때문에 80~85℃에서 우려내면 좋다.

③ 청차

기본적으로 90℃ 이상의 뜨거운 물에서 우리는데, 모든 반발효차를 높은 온도에서 우리는 것은 아니므로 차의 발효도에 따라 기호에 맞는 온도와 농도에 맞추도록 한다.

④ 홍차

강발효차이므로 80~100℃의 뜨거운 물로 우려야 제대로 찻물이 우러난다.

⑤ 흑차

홍차처럼 100℃ 정도의 끓는 물에 우린다.

(2) 녹차(불발효차) 우리기

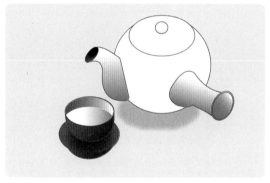

① 물을 100℃까지 충분히 끓인 후 찻주전자에 부어 냉기를 없앤 다음, 찻주전자의 물을 찻잔에 부어 찻잔을 데운다.

② 뜨거운 물을 물 식힘 사발에 부어 80℃ 정도로 식힌다.

③ 찻주전자에 1인분(1작은술)을 기준으로 차를 넣는다.

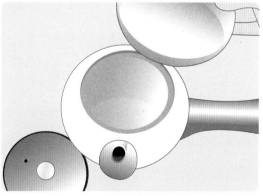

④ 찻주전자에 ②에서 식힌 물을 붓는다.

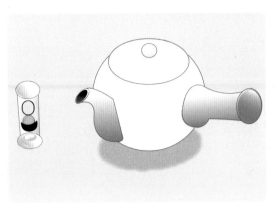

⑤ 차를 우려낸다. 우러나는 시간은 1분 30초~2분 정도이다.

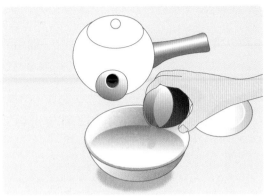

⑥ 차가 우러나는 동안 찻잔의 물을 버린 후 차수건으로 물기를 닦아 제자리에 둔다.

⑦ 찻잔에 따를 때는 각 찻잔에 차례대로 따른다. 앞 → 뒤 → 앞 세 번 정도 왔다 갔다 하며 나누어 따라야 차의 농도를 일정하게 맞출 수 있다.

⑧ 차를 손님에게 낼 때는 찻잔을 찻잔받침에 받쳐 낸다.

(3) 가루녹차(말차) 우리기

① 가루차와 찻잔, 차선(茶筅 : 물과 찻가루가 잘 섞이도록 젓는 데 쓰는 대나무로 만든 도구), 찻숟가락을 준비한다.

② 끓인 물을 찻잔에 부어 데운 후 솔처럼 생긴 차선을 찻잔에 담가 적셔 낸다.

③ 잠시 두었다가 찻잔을 들어 골고루 물기가 닿도록 앞뒤로, 좌우로 원을 그리듯 돌려 전체를 따스하게 데운 뒤 물을 버린다.

④ 차수건으로 찻잔의 물기를 닦은 후 찻숟가락 하나(2g) 분량의 가루차를 찻잔에 넣는다.

⑤ 80~90℃의 뜨거운 물을 찻잔에 가만히 붓는다.

⑥ 차선을 이용해 갈지(之) 자를 그리듯 빠른 동작으로 30초 정도 휘저어 준다. 이때 차선을 잡

은 손에 너무 힘을 주지 말고 가볍게 솔바람 소리가 나듯 저어 준다. 차 거품이 하얗게 일어나면 잘 저어진 것이다.

⑦ 잎차일 경우에는 다식을 먼저 먹으면 안 되지만 가루차는 맛이 강하기 때문에 다식을 먼저 먹고 나서 차를 마신다.

[그림 8-13] 가루차 우리기

(4) 청차(반발효차) 우리기

① 일반적인 경우

- 찻주전자와 찻잔에 뜨거운 물을 부어 덥힌다.
- 찻주전자의 물을 버린 후 찻잎을 찻숟가락으로 가볍게 한 스푼(1인분) 떠서 넣는다.
- 다시 뜨거운 물을 찻주전자에 붓고 뚜껑을 덮은 후 차를 1분간 충분히 우려낸다. 모래시계 등을 이용하여 정확하게 우려내도록 한다.
- 차가 우러나는 동안 찻잔의 물을 따라 버린다.
- 몇 인분을 준비할 때는 맛이 균일하게 되도록 나누어 따른다. 첫 번째 잔은 절반만 따르고 마지막 잔에 가득 따른 후 첫 번째 잔 방향으로 돌아오면서 가득 따른다.
- 물이 남아 있으면 떫은맛 성분인 카테킨(catechin)이 점점 나오게 되어 두 번째 우릴 때 떫은맛이 나게 되므로 주의한다.

② 전문적인 경우

① 찻주전자에 끓인 물을 부어 덥힌다. 안쪽뿐 아니라 바깥쪽도 덥히기 위하여 흘러넘치도록 물을 붓는다.

② 찻주전자의 물을 물 식힘 사발에 옮겨 부어 물 식힘 사발을 덥힌다.

③ 물 식힘 사발의 물을 찻잔에 부어 찻잔을 덥힌다.

④ 찻잔의 물을 물 버림 사발에 따라 버린다.

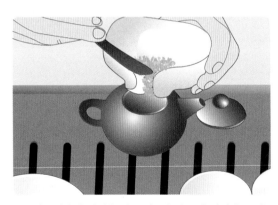

⑤ 찻주전자에 찻잎을 넣고 안쪽을 흔들어 찻잎이 균일하게 퍼지도록 한다. 찻잎의 양은 찻주전자의 1/4 정도가 적당하다.

⑥ 찻주전자에 끓인 물을 흘러넘치도록 붓는다. 이때 될 수 있는 대로 높은 곳에서 물을 붓는다. 이렇게 해야 물이 찻잎에 고루 닿아 찻잎이 벌어진다.

⑦ 흘러넘치는 물과 함께 차 찌꺼기와 거품을 걷어내고 뚜껑을 덮는다.

⑧ 찻주전자 위에 끓는 물을 부어 바깥쪽을 따뜻하게 덥힌다. 첫 번째 우리는 시간은 1분, 두 번째 우리는 시간은 50초, 세 번째부터 우리는 시간을 10~20초씩 줄여 나간다.

⑨ 찻주전자의 차를 물 식힘 사발에 따른다. 이때 찻주전자에 차를 남기지 않도록 한다. 물 식힘 사발에 차를 따르는 것은 차의 농도를 균일하게 하기 위함이다.

⑩ 물 식힘 사발의 차를 찻잔에 골고루 따라 낸다.

(5) 홍차(강발효차) 우리기

① 찻주전자, 차가 식지 않도록 찻주전자를 올려놓을 워머(warmer), 찻잔, 찻잔받침 등을 준비한다.

② 찻주전자에 끓는 물을 붓고 뚜껑을 덮어 놓아 따뜻하게 예온한 뒤 그 물로 찻잔을 데운다.

③ 예온한 찻주전자에 찻잎을 넣는다. 잎이 작은 것은 1작은술로 한 잔 정도를 우려낼 수 있다. 차를 4작은술 정도 넣으면 약 5잔을 우려낼 수 있는데 진한 차를 좋아하면 조금 더 넣어도 좋다.

④ 뜨거운 물을 찻주전자로부터 약간 높은 곳에서 붓는다. 이렇게 하면 찻주전자 속의 찻잎이 물을 만나 점핑하면서 차가 고르게 침출된다.

⑤ 차가 우러나는 동안 찻잔의 물을 버리고 차수건으로 닦는다. 2분 뒤 찻잔에 고루 나누어 따른다. 한 번 더 우릴 수 있다.

(6) 흑차(후발효차) 우리기

① 덩이차는 먼저 곱게 부수어 놓는다. 차선(茶船 : 찻주전자 곁에 뜨거운 물을 부을 때 밑에 받치는 그릇)과 찻주전자, 찻잔, 찻잔받침, 차협(茶夾 : 작은 찻잔을 옮기는 집게) 등을 준비한다.

② 찻주전자에 찻잎을 2/3 정도 넣고 뜨거운 물을 붓는다. 그 물을 곧바로 찻잔에 부어 찻잔을 예온한다. 이 과정을 차를 씻는다 하여 세차(洗茶)라고 한다. 오랫동안 발효시켜 만드는 흑차의 경우, 이렇게 찻잎을 헹궈 주면 찻잎을 따거나 가공할 때 들어갔을지 모를 불순물이 제거되어 빛깔도 맑아지고 맛도 깔끔해진다.

③ 다시 찻주전자에 뜨거운 물이 넘치도록 붓는다. 물을 부으면 거품이 생기는데 이 거품은 된장찌개를 끓일 때 거품이 생기는 것과 같은 이치이다. 이 거품이 넘쳐나도록 물을 부어야 맑은 차의 맛을 느낄 수 있다.

④ 뚜껑을 덮고 찻주전자 위에 다시 뜨거운 물을 두 번쯤 끼얹는다. 이렇게 하면 찻주전자 내부의 열과 외부의 열이 만나 차향이 발산된다. 차는 1분 정도 우려낸다.

⑤ 차협으로 찻잔을 들어 차선에 비우고 차수건으로 찻잔의 물기를 닦는다. 뜨거운 물을 바로 붓기 때문에 작은 찻잔의 경우 차협을 사용해도 무방하다.

⑥ 찻주전자의 차를 찻잔에 고루 따른다. 보조 찻주전자가 있으면 그곳에 따랐다가 찻잔에 나누면 편리하다.

⑦ 찻잔을 찻잔받침에 얹어 손님께 권한다.

[그림 8-14] 보이차 우리기

2. 차 마시기

(1) 기본 예절

① 차를 대접할 때는 상대방이 원하는 차 종류를 물어본다.

② 차를 올릴 때에는 두 손으로 찻잔받침을 들어서 올린다.

③ 뒤에서 차를 놓아야 할 때는 왼쪽에서 오른쪽으로 둔다.

④ 찻잔 손잡이는 손님의 오른쪽으로 가도록 한다.

⑤ 차는 맛을 음미하면서 조금씩 천천히 마신다.

⑥ 찻숟가락을 쓰고 난 후에는 잔의 오른쪽 뒤편에 놓아둔다.

⑦ 찻숟가락과 찻잔이 부딪히지 않게 사용한다.

⑧ 소리를 내서는 안 되며 찻숟가락으로 마시지 않는다.

⑨ 손님은 다 마신 후에는 찻잔을 뒤로 밀어 놓는다.

(2) 오감으로 차 마시기

① 귀 : 물주전자에서 물이 끓는 소리를 듣고 즐긴다.

② 코 : 차의 향기를 맡는다.

③ 입 : 차의 맛을 음미한다.

④ 눈 : 다기의 색과 차의 색을 본다.

⑤ 손(입술) : 다기의 감촉을 느낀다.

[그림 8-15] 다실

3. 차 보관하기

차를 제대로 즐기려면 우선적으로 차 보관 방법을 정확하게 알아야 하는데, 그 방법은 다음과
같다.

① 차는 건조한 곳에 보관하는 것이 좋다.

② 차는 흡수력이 강하여 냄새를 쉽게 빨아들이므로 차를 만질 때나 보관할 때 냄새가 강한 화
장품이나 향수 등은 멀리하는 것이 좋다.

③ 먹을 만큼만 덜어내 사용하는 것이 좋다. 차를 구입하면 포장을 뜯은 후 먹을 만큼만 작은 단
지에 덜어내고 나머지는 비닐봉지에 싸서 냉장고에 보관하도록 하는 것이 좋으며, 이때 여러
겹으로 싸서 냄새가 흡수되지 않도록 주의한다.

④ 습기가 많은 곳에 보관했던 녹차는 바닥이 두꺼운 팬에 살짝 볶아서 우려내면 맛과 향이 살
아난다.

[그림 8-16] 차 보관

다식 만들기

다식(茶食)은 쌀, 밤, 콩, 각종 곡물 등을 가루로 낸 후 꿀 또는 조청에 반죽하여 다식판에 박아
글자나 기하 문양, 꽃 문양 등이 양각으로 나타나게 만든 음식이다.

우리 조상들은 빨간색(오미자), 파란색(청태), 노란색(송화), 흰색(쌀가루, 콩가루), 검은색(검은깨)의 오
색을 기본 색깔로 자연스럽게 자연색을 살렸다. 가정에서 손쉽게 만들려면 콩가루, 미숫가루 등
을 이용해도 된다. 꿀도 좋지만 조청이나 물엿을 섞어서 써도 좋다.

다식판에 참기름을 바르는 대신 얇은 랩을 깔고 찍어 내면 덜 번거롭게 만들 수 있다.

1. 송화다식

(1) 재료

송홧가루 1컵, 꿀 1/3컵

(2) 만드는 방법

① 송홧가루에 꿀을 섞어 잘 뭉쳐지도록 주무른다.

② 다식판을 깨끗이 닦고 랩을 깐 후에 뭉친 반죽을 알맞게 떼어 꼭꼭 눌러 찍어 낸다.

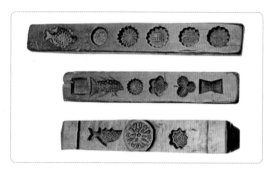

[그림 8-17] 다식판

2. 녹차다식

(1) 재료

콩가루 1컵, 녹차가루 2큰술, 물엿 1/3컵

(2) 만드는 방법

① 콩가루에 녹차가루와 물엿을 넣고 뭉쳐지도록 주무른다.

② 다식판을 깨끗이 닦고 랩을 깐 후에 뭉친 반죽을 알맞게 떼어 꼭꼭 눌러 찍어 낸다.

3. 흑임자다식

(1) 재료

흑임자가루 1컵, 물엿 1/4컵

① 분홍색 고명 : 녹말가루 3큰술, 딸기주스가루 1작은술, 물엿 1큰술

② 보라색 고명 : 녹말가루 3큰술, 포도주스가루 1작은술, 물엿 1큰술

③ 노란색 고명 : 콩가루 3큰술, 물엿 1큰술

(2) 만드는 방법

① 흑임자가루에 물엿을 넣고 뭉쳐지도록 주무른다.

② 고명 재료들도 색깔별로 각각 반죽해 둔다.

③ 다식판을 깨끗이 닦고 랩을 깐 후에 색 반죽을 넣고 넘치는 부분을 깨끗하게 깎아 낸 다음 흑임자 반죽을 넣고 눌러서 찍어 낸다.

[그림 8-18] 여러 가지 다식 문양

차 우려 마시기 예법, 다식 만들기

- 학교 : 물엿(꿀), 숟가락, 국그릇, 커피포트, 일회용 장갑, 각종 문양의 다식판 또는 모양틀
- 개인 : 각 조당 차 2종, 각종 가루(콩가루, 송홧가루, 쑥가루, 코코아가루, 미숫가루 등) 1인당 1컵, 다기 세트, 다식판 또는 모양틀

① 차 우려 마시기
② 다식 만들기

실습 지도
① 찻잎으로 우려 마시는 법 배우기
② 다양한 가루에 물엿(꿀)을 넣고 반죽한 후 다식판이나 모양틀을 이용하여 다식 만들기

① 차 우려 마시기

② 다식 만들기

① 기획안(이미지 테마 결정에 따른 기초 수정 및 소품 준비 계획서) 제출
② 차와 다식을 함께 즐기면서 옛 조상들의 서정적인 정서를 느껴본다.

9장
아동 요리 지도

감수 : 김경진(한국발효음식협회 수석 부회장)

9장 아동 요리 지도

아동 요리 지도 개요

1. 아동 요리 지도의 개념

아동 요리는 아동들이 학습하고자 하는 재료와 이름을 알아가는 과정에서부터 만들어 가는 과정, 완성된 요리와 관련된 영양소를 학습하며 정리 정돈하기까지의 과정이 통합적으로 이루어지는 요리 활동이다. 다양한 프로그램의 요리 활동에 아동이 직접 참여하게 함으로써 영양과 건강 등 많은 개념을 습득할 수 있도록 돕고, 요리하는 방법에 대해 이해하고 흥미를 느낄 수 있게 하며, 아동들의 오감을 자극하고 사회성과 집중력을 길러 줄 수 있다.

2. 아동 요리 지도의 교육적 가치와 효과

(1) 아동 요리 지도의 교육적 가치

① 기초 학습 능력 발달

요리 활동을 하면서 자연스럽게 기초적인 교과 학습 활동이 이루어진다.

② 언어 발달

요리의 순서, 과정, 결과, 맛 평가, 요리법, 재료 등에 따른 표현 방식을 배우게 된다.

③ 과학 발달

색, 모양, 크기, 촉감, 맛, 냄새 등 탐색을 통한 감각을 많이 사용하기 때문에 인지 능력이 발달된다.

④ 수학 발달

요리 과정 중에 스스로 탐구하여 수학적 지식을 습득할 수 있고 계량이나 저울을 통해 수를 이해하게 된다.

⑤ 학습에 대한 흥미 유발

　요리 활동을 하면서 자연적으로 학습에 대한 흥미를 가지게 된다.

[그림 9-1] 학습에 대한 흥미 유발

⑥ 창의력 발달

　다양한 창작품을 만들면서 융통성, 독창성과 함께 창의력이 발달된다.

⑦ 사회성 발달

　타인과 상호 작용을 하는 과정에서 타인에 대한 예절과 존중감이 생기며, 맡은 일에 관한 책임감이 생겨 성취감과 만족감을 느끼게 된다.

⑧ 소근육 · 신체 조절 능력 발달

・소근육 조절 능력 : 요리하는 과정에서 썰기, 자르기, 젓가락 사용 등을 통해 몸의 소근육을 조절하는 능력을 습득하게 된다.

・신체 조절 능력 : 음식 재료를 준비하고 만드는 과정 속에서 눈과 손의 협응력과 신체 조절 능력이 발달하고, 그리기 · 찰흙놀이 등과 유사한 효과를 볼 수 있다.

[그림 9-2] 소근육 · 신체 조절 능력 발달

⑨ 올바른 식습관 형성

자신이 만든 요리를 통해 긍정적인 태도가 형성되어 좋은 식습관을 갖추게 된다.

⑩ 다문화 이해

다른 나라의 음식과 문화를 쉽게 접하면서 이해하기 시작한다.

(2) 아동 요리 지도의 효과

① 다양한 감각의 발달

- 미각 : 단맛, 신맛, 쓴맛, 짠맛과 이외의 맛을 익혀 음식에 대한 이해와 맛에 대한 감각을 습
득하게 된다.
- 촉각 : 요리 재료를 만지면서 피부 감각을 느끼게 되므로 촉각 능력을 향상시킬 수 있다.
- 후각 : 요리 재료를 다루고 조리하는 과정에서 다양한 냄새를 분별하게 되어 후각 능력이 향
상된다.
- 청각 : 요리를 통해 소리를 듣고 각 재료가 가지는 특이한 소리를 이해하게 된다.

② 도구 사용법 습득과 위생 관념 형성

조리 도구를 안전하게 사용하는 방법을 습득할 수 있다. 또한 요리를 하면서 더러움과 깨끗
함을 구별할 수 있게 되고, 먹을거리를 만들거나 먹기 위한 과정의 위생 관념을 습득한다.

[그림 9-3] 도구 사용법 습득과 위생 관념 형성

③ 편식 습관 교정으로 건강 증진

특정한 음식 재료나 음식 종류에 대한 편견을 없앰으로써 편식 습관이 교정되어 올바른 식
습관이 형성되며, 식재료의 중요성, 영양가, 신체와의 관련성을 알게 되어 건강한 식습관을 형
성하게 된다.

④ 사회성 발달과 예절 교육

요리를 계획하고 준비하고 일을 분담하는 과정을 통해 책임감과 협동심, 친밀감이 형성되며, 음식을 맛있고 즐겁게 먹으면서 질서 의식 및 식사 예절을 습득하게 된다.

[그림 9-4] 사회성 발달과 예절 교육

⑤ 언어 발달과 자신감 향상

각종 식자재 및 취사 도구, 조리 방법의 명칭, 조리 상태를 습득하고 이를 통해 새로운 단어에 대한 이해를 넓혀 나가게 되며, 요리를 직접 만들면서 얻는 만족감, 성취감을 통하여 자신감을 갖게 되고 자신에 대한 긍정적 자아감을 형성하게 된다.

⑥ 탐구력과 창의력 향상

예상하지 못했던 문제를 통해 독창적이며 질적으로 우수한 사고를 산출하는 데 효과적이다.

• 과학 능력 : 요리 재료의 모양이나 상태, 색깔의 변화, 음식의 상태 변화 등
• 수학 능력 : 음식 재료의 수 세기, 물의 양 계량, 상품의 가격, 재료의 고유 번호 숫자 읽기 등
• 미술 능력 : 재료를 통해 그리기, 꾸미기, 붙이기, 오리기, 섞기 등
• 논술 능력 : 자신이 만든 작품 설명하고 발표하기

[그림 9-5] 탐구력과 창의력 향상

⑦ 표현력과 발표력 향상

자신이 만든 요리를 통해 상상력이나 창의력 등이 향상되어 다양한 표현이 가능해진다. 또한 요리 지도자의 질문은 언어로 표현하는 능력을 향상시키며, 아동의 사고를 지속적으로 자극시킨다.

[그림 9-6] 표현력과 발표력 향상

⑧ 스트레스 해소 표현으로 정서 발달 향상

스트레스로 인하여 발생하는 정신적 부담감이나 신체적 어려움이 재료들을 다듬고 씻고 자르며, 요리를 만들어 나가는 과정을 통해 해소될 수 있다. 결과물을 얻기 위한 과정을 통해 정성을 들이는 인내심을 기르게 되고, 지도자에 대한 신뢰감을 갖게 되며, 남을 인식하게 됨으로써 정서적 발달이 향상된다.

[그림 9-7] 스트레스 해소 표현으로 정서 발달 향상

아동 요리 지도 준비와 지도자의 역할

1. 아동 요리 지도를 위한 준비

(1) 아동 요리 지도 준비

① 아동들은 쉽게 산만해지고 사고의 위험도 있으므로 한꺼번에 모여서 하는 것보다는 조를 나누어 진행한다.

② 소집단의 인원은 요리 활동을 진행하는 시기와 아동들의 연령, 아동들의 친숙도, 요리 방법의 난이도 등에 따라 달라져야 한다.

③ 요리 활동이 항상 아동들에게 새롭고 흥미 있는 활동으로 소개되고 안내될 수 있도록 계획하기 위해 요리 순서도를 활용하면 효과적이다.

④ 요리 활동에 필요한 재료와 도구 명칭, 재료의 양을 정확한 언어로 알려 주며, 요리 방법을 그림과 글씨로 함께 나타내면 효과적이다.

⑤ 요리 과정을 간단한 단계로 나누어 순서를 구체적으로 제시한다.

[그림 9-8] 아동 요리 지도 준비

(2) 아동 요리 도구 준비

① 요리 활동을 할 때에는 청결이 중요하다. 책상을 깨끗이 닦고 테이블보를 깔아 두며, 손을 씻고 앞치마를 입게 한다.

② 식기류와 도구는 깨끗이 닦아 준비하고, 안전을 위해서 불을 사용할 때는 지도자가 적절히 도와야 하며, 둥근 과도를 쓰는 것이 적합하다.

③ 아동의 신체에 적합한 조리대와 의자, 도구를 사용하고, 가능하면 깨지지 않는 용기를 사용한다.

④ 필요한 도구와 용기, 재료만 조리대 위에 올려서 사용하도록 한다.

아동 요리 활동에 필요한 도구

- 일반 도구 : 도마, 수저, 접시, 과도, 빵칼, 칼, 볼, 쟁반, 냄비, 프라이팬, 체, 주걱, 국자, 뒤집개, 집게, 가위, 거품기 등
- 측정 도구 : 계량컵, 계량스푼, 저울, 시계
- 열 사용 도구 : 전기 프라이팬, 전자레인지, 오븐, 토스터기, 핫플레이트
- 청결 도구 : 행주, 위생장갑, 앞치마, 머릿수건, 스펀지, 세제
- 요리 기계 : 믹서, 블렌더

(3) 아동 요리 지도 환경 조성

① 평소 다른 놀이 영역으로 사용하던 곳을 임시로 바꾸어 구성하는 것이 좋고, 모든 아동들의 상황을 한눈에 볼 수 있는 교실에서 하는 것이 바람직하다.

② 요리 활동 과정에서 물과 전기를 빈번하게 사용하므로 쉽게 사용할 수 있어야 하며, 요리 영역은 싱크대나 물 가까운 곳에 구성하여 활동의 동선을 줄일 수 있도록 한다.

③ 식재료 본연의 색이 요리 과정에서 어떻게 변하는지, 또 요리가 어떻게 완성되어 가는지를 관찰할 수 있도록 적당한 밝기의 조명이 필요하다.

(4) 아동 요리 지도에 들어가기 전 준비

① 요리 재료는 4~5인분을 기준으로 작성하는 것이 보통이지만 대상 아동과 아동 교육 기관의 상황에 따라 그 분량을 가감하여 준비한다.

② 교육 현장에서 통합적 교육이 이루어져야 하므로 요리 방법과 활동 목표, 관련 용어, 관련된 과학 및 여러 지식 등을 숙지한다.

③ 본 요리 활동의 목표를 어떻게 선정할 것인지, 어떤 개념을 획득하게 할 것인지 분명한 목표를 설정하고 요리 활동을 준비한다.

④ 대상 아동의 발달 수준, 흥미, 현재 진행 중인 주제, 교육 과정과의 연계성 등을 유념한다.

⑤ 대상 아동의 수준이 진행되는 주제에 적절한 것이 어떤 것인지, 어떤 질문이 가장 효과적일지 등을 선택한다.

⑥ 요리 활동을 하기 전에 지도자는 직접 요리를 해 보아 필요한 음식 재료, 정확한 양, 요리 기구 및 요리 순서 등을 파악해 놓는다.

⑦ 같은 요리라도 재료를 바꾸거나 모양과 형태를 달리하여 무궁무진하게 변화시킬 수 있도록 지도자가 대상 아동들에게 적절하게 창의적으로 변화시킨다.

2. 지도자의 역할

(1) 사전 계획 시 고려 사항

① 아동의 연령과 기호, 음식물 알레르기 등 질병을 파악한다.

② 시설과 도구를 점검한다.

③ 아동들과 의논하여 정해진 요리의 주된 목표를 설정한다.

④ 한 조당 인원을 결정하고, 필요한 재료와 조리 도구를 준비한다.

(2) 요리 활동 전개 시 유의점

① 과정의 각 단계를 아동들이 이해하기 쉽도록 간단명료하게 설명한다.

② 요리를 하면서 아동들과 많이 대화를 주고받는다.

③ 단순히 요리 활동을 하는 것이 아니라 감각기관(눈, 코, 입, 손, 귀)을 활용하도록 한다.

④ 항상 주변에서 지켜보면서 안전사고를 유의한다.

⑤ 지도자가 많이 개입하여 지도하기보다는 아동이 스스로 할 수 있도록 이끈다.

⑥ 아동들이 요리 도구를 여러 방법으로 탐색할 수 있도록 한다.

⑦ 활동을 마친 후 요리 과정을 평가해 본다.

 언어적 상호 작용

• 어떤 냄새가 나나요?

• 무슨 모양인가요?

• 무엇과 비슷하게 생겼나요?

• 이것을 보니 무엇이 생각나나요?

• 만져 보면 느낌이 어떤가요?

• 무슨 색깔에서 무슨 색깔로 변했나요?

• 어떤 소리가 나요?

• 무슨 맛인가요?

• 맛을 보니 무슨 생각이 드나요?

• 자르면 어떤 모양이 될까요? 겉과 안은 같을까요? 아니면 다를까요? 다르면 어떻게 다를까요?

• 끓는 물에 넣으면 어떻게 될까요?

• 이 요리에 새로운 이름을 붙인다면 무엇이라고 하고 싶나요?

(3) 요리 활동 전개

① 요리 활동 집단 구성

연령에 따라 달라지나 4~5명의 소집단으로 활동하는 것이 가장 좋다. 각각의 아동들이 서로 다른 경험을 해 볼 수 있는 기회를 가질 수 있도록 구성한다.

② 요리 종류의 선택

한두 가지 기능을 요하는 활동에서 시작해서 아동들이 익숙해짐에 따라 좀 더 여러 단계의 기능이 요구되는 것으로 확장해 나가는 것이 바람직하다. 새로운 요리 종류를 선택하여 활동을 시도하는 것은 편식 습관을 고치는 기회가 될 수 있으므로 다양한 요리 활동을 시도하는 것이 좋다.

③ 요리 순서도의 활용

요리 활동 중에 요리 순서도를 사용하는 것이 좋으며, 지침서로 참고할 수 있도록 복사하여 제시하는 것이 좋다. 활동 자료를 부모님께 복사하여 보내면 아동과 부모가 함께 요리를 시도해 볼 수 있으며 아동의 발달에 관한 도움도 받을 수 있게 된다.

④ 적극적인 참여 유도

아동들이 직접 재료를 씻고 칼로 썰어 보게 하는 등 적극적으로 참여하게 이끌고, 요리의 맛과 냄새, 감촉에 대한 묘사를 어휘로 구사할 수 있도록 한다. 아동들은 가족들이 하는 행위를 자신이 직접 똑같이 해 봄으로써 가족들과 동질성을 느끼고 요리에 열정적으로 임하여 만족감을 얻게 된다.

[그림 9-9] 적극적인 참여 유도

⑤ 위생 · 건강 · 안전 문제 확인

- 요리 도구는 사용 전에 깨끗하고 위생 상태에 문제가 없는지 확인한다.
- 요리를 시작하기 전에 손을 깨끗이 씻었는지 확인한다.
- 감기나 전염성 있는 질병에 걸린 아동들은 요리에 참가시키지 않는다.
- 아동들에게 미리 재채기나 기침을 할 때 어떻게 해야 하는지 알려 주어야 한다.
- 재료는 신선하고 품질이 좋은지 확인하고 사용한다.
- 열기구를 사용하여 요리하는 경우 특히 화상을 입지 않도록 유의한다.
- 요리 도구는 아동들의 손이 닿지 않는 곳에 보관한다.
- 믹서, 전기 프라이팬, 오븐, 토스터기 같은 전자 제품은 성인들만 사용하도록 하고, 함께 사용할 때에는 성인의 보호 및 지도 아래 안전하게 사용해 보는 기회를 갖도록 한다.
- 전깃줄이나 콘센트 등을 잘 관리하여 요리 활동 중에 아동들이 걸려 넘어지지 않도록 주의한다.

(4) 지도 요령

① 대상 아동들을 적극적으로 참여시킨다. 필요한 재료와 안전한 환경을 조성해 주고, 적절한 상호 작용을 하되 아동들이 도와 달라고 요구할 때와 안전이 필요한 상황에서만 도움을 주도록 한다.

② 요리를 하기 전에 안전, 청결, 요리 진행 시 필요한 도구 및 요리 순서도에 관해 이야기를 나눈 후 복장을 갖추고 손을 씻게 한다.

③ 준비된 자료의 특성을 탐색하는 기회를 주고 순서표를 참조하여 각 요리 단계를 진행하도록 한다.

④ 요리 영역에서는 요리하기와 관련된 활동을 제시하여 음식과 영양에 관한 개념을 습득할 수 있도록 한다.

[그림 9-10] 아동 지도 과정

⑤ 요리를 하는 동안 아동에게 사용한 재료는 무엇인지, 재료의 모양이나 색깔은 어떻게 변하는지, 무슨 냄새가 나는지 등에 대해 관심을 가지고 탐색해 보도록 하고 다음에 일어날 변화를 예측해 보도록 한다.

아동 요리 지도의 실제

1. 아동 요리 지도의 종류

(1) 아동 발달 단계에 따른 요리 지도

나 이	상 황	활 동	목 표
1단계 (만 1~2세)	• 신체의 급속한 발달 • 정서 표현 가능 • 외부의 자극에 민감	• 식자재를 이용하여 오감을 자극하는 요리	• 소근육 발달시키기 • 대근육 조절하기 • 협응력 기르기 • 균형 감각 기르기
2단계 (만 3~5세)	• 감정의 변화가 심함 • 신체 운동 능력 활발	• 벗기기, 자르기, 찍기, 붙이기 등 인지 감각 요리	• 신체 조절력 기르기 • 미술 개념 익히기 • 성취감 키우기 • 사회성 익히기 • 수학/과학 개념 익히기 • EQ 기르기
3단계 (만 6~7세)	• 신체 기능 발달 • 언어 구사력 발달 • 사고력 발달	• 불을 사용하지 않는 간단한 문화와 사회관계 향상 요리 • 사물을 입체적으로 분석하는 요리	• 신체 기능 정교화 • 예절 익히기 • 청결 의식 기르기 • 인내심 기르기 • 학습 능력 익히기 • 바른 생활 익히기 • 협동력 기르기
4단계 (8세 이상)	• 완만한 성장 지속	• 불을 사용하는 간단한 창의와 논리력 향상 요리	• 창의력, 논리력, 탐구력, 어휘력 높이기

[그림 9-11] 아동 발달 단계에 따른 요리 지도 1단계

[그림 9-12] 아동 발달 단계에 따른 요리 지도 2단계

[그림 9-13] 아동 발달 단계에 따른 요리 지도 3단계

[그림 9-14] 아동 발달 단계에 따른 요리 지도 4단계

(2) 주제별 요리 지도

동화 요리	떡 잔치
과학 실험 요리	양파 손수건 물들이기(염색, 침투), 마요네즈(유화)
미술 요리	수염 달린 할아버지(파 뿌리 이용)

(3) 문화, 사회관계 향상 요리 지도

① 수학 요리

요리를 통해 아이들은 생활 속에 숨어 있는 수학 개념들을 자연스럽게 익히게 된다. 피자를 여섯 조각으로 나누면서 1/6이라는 분수의 개념을 익히고 샌드위치를 여러 가지 모양으로 자르면서 도형을 알게 되는 것이다.

② 과학 요리

단순히 요리 재료를 섞는 과정이 아니라 재료의 구조와 성분, 요리할 때 첨가하는 부재료와 열에 의한 변화 등을 살펴보며 물리 화학적, 생물학적 반응들을 찾아낼 수 있다.

③ 오감 요리

요리 재료를 만지고 주무르는 등 오감을 발달시키고 손끝의 근육을 사용해 두뇌를 개발한다. 좌뇌의 실행 능력과 우뇌의 암기력이 함께 작용하면서 두뇌의 균형적인 발달을 가져오며 완성된 요리를 통해 자신감과 성취감을 느끼고 아이들의 상상력과 창의력을 길러준다. 집중력, 표현력 등이 좋아지는 등 생활 속 교정도 함께 이루어진다. 또 스트레스를 없앨 수도 있다.

④ 미술 요리

재료를 다듬고 만지는 과정을 거쳐 과자로 그림을 그리고 여러 가지 모양도 만들어 낼 수 있다. 또 다양한 색깔의 재료들을 혼합하면서 색의 개념과 조합, 구성 능력을 기를 수 있다.

수학	피자를 똑같이 나누어 가져요, 새콤달콤 떡꼬치
과학	잼 만들기
미술	동화 속 주인공, 나만의 도시락 만들기
입체 도형 개념	카레떡볶이

2. 아동 요리 지도의 진행 과정과 방법

체계적인 수업 계획서를 작성하고 상세한 교안을 작성해 본 후 수업에 임하는 것이 좋다.

(1) 요리 활동의 주제를 선정하고 아동에게 설명한다

요리 활동의 주제로는 큰 주제가 명확하게 제시되어야 하며, 이를 아동에게 충분히 설명해 주어야 한다. 주제가 이미 아동이 경험한 내용이라면 문제가 되지 않지만 경험하지 못한 내용이라면 신문, 그림책이나 사진으로 보여 주어 이해를 높여 주어야 한다.

(2) 요리 활동의 제목을 선정한다

요리 활동의 제목 선정을 통해 요리 활동 전, 요리 활동을 하는 중, 요리 활동이 끝난 후에 무엇을 어떻게 표현해야 할 것인지를 정확하게 알게 해 주어야 한다.

[그림 9-15] 시장 놀이

(3) 요리 활동을 계획한다

요리 활동의 체계적인 계획은 일곱 가지 원칙에 따라 '언제, 얼마나, 어디서, 누가, 누구에게, 어떻게, 왜'에 맞게 작성해야 한다.

구 분	기 준	선 택
언제	대상의 컨디션	• 방과 후 • 주말 • 밤
얼마나	걸리는 시간	• 30분 • 한 시간 • 두 시간
어디서	주제나 조리 방법의 복잡함	• 부엌 • 방 • 응접실 • 학원
누가	전문성 정도	• 부모 • 전문적인 지도를 받은 선생님 • 아동 스스로
누구에게	교육 대상	• 자녀 • 자녀와 친구 • 원생 • 제3자
어떻게	교수법 선택	• 요리 활동 주제만 알려 주고 아동이 직접 만들도록 하는 방법 • 요리 활동 주제를 알려 준 후 아동 요리 지도자가 만드는 것을 보여 주고 아동이 따라 만들게 하는 방법 • 말로만 아동이 요리 활동을 할 수 있도록 지도하는 방법 • 요리 과정 전체 동안 아동과 함께 만드는 방법
왜	교육을 통해 얻을 수 있는 효과 중 대상의 특성에 따라 선택	• 창의성 • 오감 자극 • 협응력 • 자신감 • 성취감 • 협동심

(4) 요리 재료와 조리 방법을 주제에 맞게 선택한다

요리 재료와 조리 방법은 주제를 뒷받침하는 근거가 되므로 주제와 관련이 있어야 하며, 아동들이 쉽게 할 수 있고 흥미를 느낄 수 있어야 한다.

(5) 안정된 분위기를 조성한다

아동은 어른과 달리 환경의 영향을 많이 받기 때문에 요리 활동에 전념할 수 있는 분위기가 형성되지 않으면 다른 장난을 치는 등 요리 활동에 몰두하지 못한다. 따라서 안정된 분위기를 조성함으로써 아동이 요리 활동에 집중할 수 있도록 하여 흥미와 동기를 유발한다.

① 환경적 분위기

아동이 요리 활동을 전개하는 장소, 즉 작업대 주변의 분위기를 말하며, 아동이 좋아하는 분위기로 만들어 주어야 정서적으로도 안정감을 찾는다.

② 정서적 분위기

아동 요리 지도자는 요리 활동 중에 일관되게 긍정적인 반응을 보이며, 아동이 쉽게 배울 수 있도록 가르쳐 주어야 하고, 어떤 결과든 수용하겠다는 태도를 계속적으로 보여 줌으로써 아동이 안정된 감성을 유지할 수 있도록 노력한다.

또한 아동과 수직적인 관계보다는 서로 도와주고 협력하며 위로해 주는 수평적 관계를 맺어 신뢰가 형성되도록 해야 한다.

따라서 요리 활동을 하는 도중에 아동에게 미소, 응시, 감성적 어휘 사용 등이 수반되는 의사소통을 하는 것이 좋다.

(6) 요리 활동의 목적이나 원리를 알려준다

아동이 요리 활동에 흥미를 갖게 하기 위해서는 무작정 시키는 것이 아니라 아동들과의 자연스러운 대화 속에서 같이 해야 할 요리 활동의 목적이나 원리를 알려준다. 이로 말미암아 요리 활동에 대하여 흥미를 갖게 되고 적극적으로 참여해야 하겠다는 동기가 유발된다.

 수학 개념의 학습 목표(대상에 맞게 난이도 조절)

- 재료나 요리의 수의 명칭을 바르게 말할 수 있다.
- 상징적인 숫자를 실생활과 연결시킬 수 있다.
- 짝수와 홀수가 무엇인지 설명할 수 있다.
- 식재료의 특성을 설명할 수 있다.

- 수를 순서대로 헤아릴 수 있다.
- 숫자의 모양을 만들 수 있다.
- 숫자를 조합하고 읽을 수 있다.
- 식재료의 부피가 달라짐을 설명할 수 있다.

예 아라비아 숫자(기초 지식 설명) : 아라비아 숫자란 0, 1, 2, 3, 4, 5, 6, 7, 8, 9의 열 개 숫자를 말한다. 오늘날 전 세계에서 공통으로 사용하는 숫자로 인도에서 처음 시작된 것이었으나 아라비아인이 발달시켜 유럽으로 전하였기 때문에 아라비아 숫자라고 한다.

(7) 만드는 방법을 알려준다

요리 재료를 가지고 어떤 공정을 거쳐야 하며 어떤 조리 도구를 어떻게 사용하는가를 알려 준다. 아동 요리 지도자가 먼저 아동 앞에서 시연을 해 주고 아동이 따라 하게 하는 것이 가장 좋은

[그림 9-16] 만드는 방법 알려주기

방법이며, 아무리 창의적 활동이 중요하다고 해도 위험한 공정은 아동에게 맡기기보다는 지도자가 도와주는 것이 좋다.

(8) 만드는 과정에 질문을 활용한다

아동이 주어진 재료를 가지고 요리 활동을 시작하면 지도자는 옆에서 아동에게 창의력, 탐구력, 사고력, 발표력을 길러 주는 질문을 하면서 아동에게 얻고 싶은 효과를 얻어 내도록 해야 한다. 요리를 시작하기 전과 요리를 하고 있는 중간에, 요리를 끝내고 나서 질문을 적절히 사용하면 요리를 통해 과학, 수학, 미술과 같은 학습 능력과 사고력, 표현력 등을 높일 수 있다.

① 요리를 시작하면서 자연스럽게 질문하기
- 밀가루가 무엇인지 아나요?
- 밀가루는 어떻게 만들어지는지 아나요?
- 밀가루로 만들 수 있는 것들이 뭐가 있을까요?
- 네가 먹는 것 중에서 밀가루로 만든 것은 무엇일까요?

② 아동이 요리할 때 짧게 질문하기
- 밀가루를 보면 어떤 것이 떠오르나요?
- 촉감을 느껴 보고 반죽을 질게 하려면 어떻게 해야 할까요?
- 밀가루에 색을 내려면 어떤 것을 넣으면 좋을까요?
- 어떻게 하면 달게 만들 수 있을까요?

③ 완성 후 평가 전과 평가 후에 질문하기
- 어떤 것이 제일 잘 만들어졌을까요?
- 밀가루 반죽으로 만든 숫자를 순서대로 놓아 볼까요?
- 반죽으로 만든 작품은 모두 몇 개일까요?
- 반죽으로 또 다른 모양을 만들 수 있을까요?

[그림 9-17] 질문 활용하기

- 입에 넣었을 때 감촉이 어떨까요?
- 밀가루는 어떤 맛이 날까요?

(9) 아동의 표현을 격려하고 개성을 존중해야 한다

아동이 요리 활동을 하는 중간이나 활동을 끝내고 작품을 다 만들었을 때 아동이 표현한 것을 그대로 받아들인다. 자유로운 감정 표현을 격려해 주면서, 아동의 요리나 생각을 비판하지 말고 아동의 독특한 생각과 느낌을 수용한다. 또한 아동 간에도 서로의 표현을 존중하고 격려하도록 돕는다.

① 아동에게 일어나는 감정을 표현할 수 있는 기회를 많이 준다.

② 모든 아동이 감성 표현에 참여할 수 있도록 적극적으로 유도한다.

③ 소극적인 아동에게는 감정 표현 자체에 박수나 칭찬을 해 줌으로써 자신감을 가질 수 있도록 격려한다.

④ 자신과 타인과의 감정은 다를 수 있으므로 아동 간에 서로 비교하지 않는다.

⑤ 긍정적 감성뿐만 아니라 부정적 감성이라도 아동 개인의 표현을 존중한다.

⑥ 아동들 스스로 서로의 생각과 느낌이 다르다는 것을 놓치지 않도록 4~5분 정도 아동들이 함께 이야기를 나눌 수 있도록 배려한다.

⑦ 인지적 성격이 강한 수학, 과학 활동을 진행하는 중에도 아동 요리 지도자는 아동의 의지나 느낌을 표현할 수 있는 감성적 어휘를 사용한다.

⑧ 감성 구성 요소에 대한 이해를 높여, 생활 주제에 적합한 활동을 연결 지을 수 있는 감각을 길러 준다.

(10) 아동 스스로 정리하는 습관을 길러 주어야 한다

요리 활동을 하게 되면 작업대를 중심으로 혼란스럽게 어지르기 마련이다. 이때 아동에게 자기가 어지른 것을 스스로 정리하는 습관을 길러 주어야 한다. 요리 활동에는 정리하기까지 포함되어 있다는 것을 반드시 알려 주어서 자신이 흥미를 갖고 전개했던 요리 활동의 마지막은 정리로 끝남을 습관화해야 한다.

① 요리 재료와 도구를 정리하고 깨끗이 정리한다.

② 조리복을 벗고 손을 씻는다.

③ 활동 후 모여 앉아 이야기를 나눈다.

④ 활동표에 정리를 하면서 활동을 마무리한다.

[그림 9–18] 요리 활동 후 뒷정리

아동 요리 지도의 예

① 재료 준비

② 진행 과정

③ 완성

3. 식사 예절

(1) 식사 전 예절

① 단정한 옷차림

식사하기 전에 복장을 단정히 한다. 입고 있는 복장을 잘 살펴보고 단정한 상태가 되었을 때 앉아 감사하는 마음으로 식사를 시작하도록 한다.

② 깨끗한 손

위생과 청결에 늘 주의를 기울여야 하고, 식사할 때는 도구를 사용하지만 손을 빈번히 사용하게 되므로 식사 전에는 반드시 손을 씻고 자리에 앉는 습관을 갖도록 한다.

③ 바른 자세

식사하는 자세에 따라 식사 시간이 편안하거나 불편할 수 있다. 의자에 앉은 후 양손으로 의자를 조용히 잡아당겨 앞으로 가져온 후 엉덩이를 의자 깊숙이 넣고 허리를 반듯하게 펴도록 한다. 가슴과 식탁 사이에 주먹 하나 정도의 여유 공간이 있게 하면 식사 시간을 편안하게 보낼 수 있다.

④ 그릇 위치

그릇은 테이블 끝에서 2cm 정도의 간격을 두고 놓는 것이 바람직하다. 그릇이 멀리 있거나 가까이 있으면 자세가 구부정하거나 뒤로 젖혀지게 되므로 식사 시간이 불편해진다.

⑤ 식사 도구

아동은 손 근육의 발달이 미약하여 젓가락으로 식사하는 것이 불편할 수 있겠지만 식사 시간만큼은 여유를 가지고 천천히 익혀 나가는 과정이 필요하다. 숟가락은 그릇의 오른쪽에 놓는다. 이때 포크와 나이프를 같이 놓기도 한다.

(2) 식사 중 예절

① 식사 속도

먹는 속도가 주위 사람들에 비하여 너무 빠르거나 너무 늦지 않도록 한다. 주의 사람들의 먹는 속도와 비슷하게 맞추어 가며 식사를 하면 본인이나 상대방이 당황하지 않게 된다.

② 소음

음식의 양은 씹을 때 부담이 되지 않을 정도를 덜어 입 안에 넣은 후 입을 다물고 조용히 씹도록 한다. 식사 도구인 포크나 수저를 사용할 때에도 소리가 나지 않도록 조용히 사용하며, 너무 큰 소리로 웃거나 말하지 않는다.

③ 편식 방지

음식이 나왔을 때 좋아하는 음식만 골라서 먹고 싫어하는 음식을 먹지 않는다면 영양의 불균형을 가져오게 되고, 이는 성장기인 아동에게 바람직하지 않은 식습관이 형성된다.

④ 식사 도구 사용

숟가락과 젓가락을 한 손에 함께 들지 않는다. 숟가락을 사용할 때는 젓가락을 상 위에 내려놓고, 젓가락을 사용할 때는 숟가락을 상 위에 내려놓아 번갈아 가며 잡고 식사한다. 양식의 경우, 식사하는 중간에는 포크와 나이프를 양옆으로 살짝 포개어 놓거나 벌려 놓으며 나이프의 칼날은 접시 안쪽을 향하게 한다.

⑤ 냅킨 사용

냅킨의 소재로는 옷감이나 종이를 선택할 수 있으며, 무릎 위에 펼쳐 놓고 사용한다. 냅킨은 입이나 손을 닦을 때 사용하며, 음료를 마시기 전에 입가를 닦고 마시면 컵을 깨끗하게 유지할 수 있다.

(3) 식사 후 예절

① 음식 정리

음식물이 남아 있는 지저분한 접시를 그대로 식탁 위에 남겨 두면 옆 사람이나 식탁을 치우는 사람에게 불쾌감을 줄 수 있으므로 음식을 다 먹은 후에는 그대로 일어나기보다 남은 음식물을 접시 위의 한곳에 모아 놓고 일어서도록 한다.

② 식사 후의 식사 도구

식사가 끝나면 숟가락과 젓가락은 처음 위치에 놓고, 포크와 나이프는 시계 4시와 5시 방향 사이에 가지런히 놓는다. 나이프의 칼날은 포크 쪽을 향하게 한다.

③ 그릇 옮기기

식사가 끝나면 자신이 사용했던 접시와 식사 도구들을 그릇 씻는 곳으로 옮긴다. 이때 급하게 서두르거나 뛰게 되면 접시가 떨어져 깨지는 등의 사고가 발생할 수 있으므로 천천히 순서대로 움직여 옮기도록 한다.

④ 자리 정돈

의자는 본래 있던 자리에 들여 놓고 의자가 놓였던 바닥까지도 살펴보도록 한다. 본인이 식사했던 공간을 스스로 정리하는 습관을 기르면 자립심과 식사에 감사하는 마음을 갖게 된다.

실제 활동 전개

I. 실제 활동 전개

(1) 과일 꼬치 만들기(3~5세)

활동 목표	과일의 씨앗을 관찰해 보고 과일 꼬치 만드는 과정을 안다.
준비 재료	바나나, 키위, 귤, 포도, 감, 석류 등
준비 도구	대나무 꼬치, 도마, 칼
준비하면서 묻기	• 어떤 과일일까요? • 크기, 모양, 색은 서로 어떨까요? • 과일 껍질을 만져 보니 어떤가요?
활동 내용	• 바나나, 키위, 귤, 감의 껍질을 벗기고 먹기 좋은 크기로 자른다. • 종류별로 하나씩 대나무 꼬치에 끼워 먹는다.
활동하면서 묻기	• 껍질을 까면 무슨 색이 나오나요? • 맛은 어떨까요? • 감을 자르면 무엇이 보이나요? • 키위 속에 들어 있는 것은 무엇일까요? • 이 중 꼬치에 끼울 수 없는 과일은 어떤 것이 있나요?
활동하고 나서 묻기	• 꼬치를 만들어 먹으니 어떤가요? • 또 어떤 재료로 꼬치를 만들어 먹을 수 있을까요?

[그림 9-19] 과일 꼬치 만들기

(2) 샐러드 만들기(3~5세)

활동 목표	재료의 종류와 특징을 알고 채소를 즐겁게 먹는다.
준비 재료	과일, 양상추, 파프리카, 옥수수 통조림, 방울토마토, 마요네즈, 케첩, 머스터드소스 등
준비 도구	볼, 나무주걱, 도마, 칼, 접시
준비하면서 묻기	• 종류에는 무엇이 있나요? • 각 재료들로 만들 수 있는 음식은 무엇이 있을까요?
활동 내용	• 양상추, 파프리카, 방울토마토를 깨끗이 씻어 썬다. • 옥수수 통조림은 체에 밭쳐 물기를 뺀다. • 양상추, 파프리카, 방울토마토, 옥수수와 원하는 소스를 넣고 버무린다. • 버무린 샐러드를 접시에 담아 먹는다.
활동하면서 묻기	• 각 재료의 촉감은 어떤가요? • 날것으로 먹을 수 있는 것은 무엇이 있나요? • 어떤 재료가 가장 썰기 편한가요?
활동하고 나서 묻기	• 샐러드에 어떤 과일들이 들어갔나요? • 가장 조각이 작은 과일은 무엇일까요? • 색깔이 가장 밝게 보이는 것은 어떤 재료인가요?

[그림 9-20] 샐러드

(3) 주먹밥 만들기(3~5세)

활동 목표	• 밥을 이용해 만들 수 있는 요리를 알고 경험한다. • 달걀의 변화 과정을 탐색한다.
준비 재료	밥, 당근, 피망, 김가루, 참기름, 깨소금, 맛소금, 식용유, 검은깨, 양파, 감자 등
준비 도구	볼, 나무주걱, 도마, 칼, 프라이팬, 접시
준비하면서 묻기	• 쌀로 어떤 음식을 만들 수 있나요? • 들어가는 종류가 몇 가지일까요? • 당근, 피망을 만졌을 때 느낌은 어떤가요? • 재료의 색깔은 어떤가요? • 반찬 없이도 간단하게 먹을 수 있는 밥은 어떤 밥일까요? • 주먹밥은 어떻게 만들까요?
활동 내용	• 당근, 피망을 잘게 썰어 볶는다. • 밥에 맛소금, 참기름, 당근, 피망을 넣고 버무린다. • 버무린 밥을 동그랗게 꼭꼭 뭉친다. • 뭉친 주먹밥을 김가루, 깨소금, 검은깨에 굴려 접시에 옮겨 먹는다.
활동하면서 묻기	• 밥의 느낌은 어떠했나요? • 어떤 재료를 넣으면 더 색이 예쁠까요? • 밥은 왜 잘 뭉쳐질까요? • 주먹밥을 김가루, 깨소금, 검은깨에 굴리니 어떻게 변하였나요?
활동하고 나서 묻기	• 주먹밥의 맛은 어떠했나요? • 어떤 색이 예뻤나요? • 밥을 만져 보니 느낌이 어떠했나요? • 또 어떤 주먹밥을 만들 수 있을까요? • 김가루 말고 어떤 것에 굴리면 좋을까요?

[그림 9-21] 주먹밥

(4) 고구마경단 만들기(3~5세)

활동 목표	고구마를 익히고 으깨면서 변화를 인식하고 소근육을 발달시킨다.
준비 재료	고구마, 바나나, 꿀, 카스텔라, 계피가루, 검은깨, 콩가루, 빼빼로, 잣, 물
준비 도구	나무주걱, 체, 절구 세트, 볼, 접시, 찜통, 칼
준비하면서 묻기	• 고구마로 만든 음식에는 무엇이 있을까요? • 생고구마를 먹으면 어떤 맛일까요? • 경단을 먹어 본 적이 있나요? • 경단은 어떤 모양인가요? • 어떤 모양으로 만들 수 있을까요? • 가루들은 무엇으로 만들었을까요? • 가루는 어디에 사용될까요?
활동 내용	• 고구마를 깨끗이 씻어 찜통에 넣어 익힌다. • 익힌 고구마와 바나나를 잘라 절구에 넣고 으깬다. • 으깬 고구마와 바나나에 꿀을 넣어 버무린 후 조금씩 떼어 동그랗게 만든다. • 카스텔라는 체에 쳐서 곱게 가루로 만든다. • 준비한 검은깨 · 콩가루 · 카스텔라가루에 각각 놓고 굴린다.
활동하면서 묻기	• 찐 고구마를 만지니 생고구마와 어떻게 다른가요? • 고구마의 색이 어떻게 변했나요? • 고구마를 손으로 눌러 보니 어떤가요? • 고구마와 바나나를 절구에 넣고 찧으니 어떻게 되었나요? • 세 가지의 맛이 어떻게 다를까요?
활동하고 나서 묻기	• 절구를 이용해서 고구마와 바나나를 잘 으깰 수 있었나요? • 고구마를 동그란 경단 모양으로 잘 만들 수 있었나요? • 가장 재미있었던 일은 어떤 것이었나요? • 세 가지 경단을 보니 어떤 생각이 드나요? • 고구마 3색 경단을 누구에게 선물하고 싶나요?

[그림 9-22] 고구마경단

(5) 셰이크 만들기(3~5세)

활동 목표	• 과일의 종류를 알고 믹서 다루는 법을 안다. • 우리나라에서 생산되는 과일과 다른 나라의 과일이 어떤 것인지 알 수 있다.
준비 재료	아이스크림, 우유, 키위, 감, 딸기, 귤 등
준비 도구	믹서, 스푼, 컵
준비하면서 묻기	• 준비한 재료로 무엇을 만들 수 있을까요? • 어떻게 만드는 것일까요? • 아이스크림은 어떻게 만들었을까요? • 과일은 어떤 종류가 있나요? • 아이스크림은 무슨 맛인가요?
활동 내용	• 과일, 아이스크림, 우유를 믹서에 넣고 함께 돌린다. • 원하는 만큼 갈고 난 후 믹서를 끈다. • 컵에 따라 마신다.
활동하면서 묻기	• 과일이 어떻게 변하였나요? • 아이스크림이 어떻게 달라졌나요? • 섞여서 어떤 맛이 나나요?
활동하고 나서 묻기	• 셰이크를 많이 먹으면 왜 건강에 나쁠까요? • 또 어떤 재료로 셰이크를 만들 수 있을까요? • 셰이크는 어떻게 먹어야 더 건강해질까요?

[그림 9-23] 셰이크

(6) 오미자화채 만들기(3~5세)

활동 목표	• 오미자화채가 우리나라 전통 음료임을 알고 오미자를 물에 담가 놓으면 빨간색이 우러나옴을 안다. • 우리 몸에 좋은 음료와 해로운 음료를 구별한다.
준비 재료	오미자, 꿀, 배, 물, 감(각종 과일 이용 가능)
준비 도구	볼, 도마, 모양틀, 칼, 체
준비하면서 묻기	• 이 열매는 무엇일까요? 냄새를 맡아 봅시다. • 오미자를 본 적이 있나요? • 오미자는 무슨 뜻일까요? • 맛은 어떨까요? • 이 재료들로 무엇을 만들 수 있을까요?
활동 내용	• 오미자를 물에 한 번 헹군 후 물에 담가 둔다. • 물에 담근 오미자를 하루 동안 냉장고에 넣어 둔다. • 우러난 오미자를 체에 걸러 내고 배와 감을 각각 따로 껍질 벗겨 모양틀로 찍어 낸다. • 찍어 낸 배와 감을 넣고 꿀을 첨가하여 마신다.
활동하면서 묻기	• 오미자물의 색이 어떻게 변하였나요? 왜 그럴까요? • 맛이 어떨 것 같나요? • 단맛이 나게 하려면 어떻게 해야 할까요? • 옛날에는 달콤한 맛을 내기 위해 무엇을 사용하였을까요? • 어떤 모양과 어떤 크기로 썰면 좋을까요?
활동하고 나서 묻기	• 과일의 종류와 양은 적절했나요? • 오미자화채를 좋아하게 되었나요? • 과일의 종류는 화채 만들기에 적당했나요?

[그림 9-24] 오미자화채

(7) 컵케이크 만들기(3~5세)

활동 목표	재료의 다양한 질감을 알고 표현 방법을 배운다.
준비 재료	카스텔라, 생크림, 키위, 딸기, 설탕, 방울토마토, 초코 시럽, 기타 장식물
준비 도구	투명컵, 체, 수저, 짤주머니, 볼, 칼, 거품기, 접시
준비하면서 묻기	• 재료에는 어떤 것들이 있나요? • 이것들을 가지고 무엇을 만들 수 있을까요? • 컵케이크는 무엇일까요? • 케이크하면 무엇이 생각나나요? • 생크림은 어떤 색인가요? • 생크림은 어떤 맛일까요? • 짤주머니는 어떻게 사용할까요?
활동 내용	• 카스텔라를 체에 내린다. • 볼에 생크림과 설탕을 넣고 거품기로 거품을 낸다. • 키위와 딸기는 먹기 좋은 크기로 자른다. • 투명컵에 카스텔라가루를 넣고 생크림을 짤주머니에 넣어 짠 후 과일을 올린다.
활동하면서 묻기	• 카스텔라가 어떻게 변하였나요? • 카스텔라가루가 내려오는 모습을 보니 무슨 생각이 나나요? • 생크림이 어떻게 변하였나요? • 짤주머니에서 생크림이 어떻게 나오나요? • 생크림의 모양은 어떤가요?
활동하고 나서 묻기	• 카스텔라가루가 어떤 계절을 연상시키나요? • 어떤 느낌인가요?

[그림 9-25] 컵케이크

(8) 샌드위치 만들기(3∼5세)

활동 목표	• 여러 가지 재료가 합해져 맛을 내는 것을 안다. • 눈과 손의 협응력을 기른다.
준비 재료	식빵, 슬라이스 햄, 치즈, 머스터드소스, 마요네즈, 오이, 상추잎, 감자, 단감
준비 도구	도마, 칼, 숟가락, 포일, 접시
준비하면서 묻기	• 이 재료들로 무엇을 만들 수 있을까요? • 샌드위치를 먹어 본 적이 있나요? • 어떤 재료들이 들어 있었나요? • 어떤 모양의 샌드위치를 먹어 보았나요? • 식빵에서 어떤 냄새가 나나요?
활동 내용	• 도마 위에 식빵 하나를 깔고 가장자리를 잘라 낸다. • 식빵 한쪽 면에 마요네즈와 머스터드소스를 섞은 소스를 바른다. • 햄, 치즈, 오이를 썰어서 얹는다. • 샌드위치 위에 포일을 올리고 무거운 도마를 잠시 놓아둔다. • 눌러 놓은 샌드위치를 모양 있게 잘라 접시에 담은 후 먹는다.
활동하면서 묻기	• 마요네즈를 왜 넣을까요? • 마요네즈에서 어떤 냄새가 나나요? • 마요네즈는 무엇으로 만들었을까요? • 소스는 무슨 색인가요? • 식빵 모양이 어떻게 변하였나요? • 왜 포일로 싸는 것일까요?
활동하고 나서 묻기	• 샌드위치의 모양과 맛은 어떠했나요? • 다음에는 어떤 샌드위치를 만들고 싶나요?

[그림 9-26] 여러 모양의 샌드위치

(9) 김밥 만들기(6~7세)

활동 목표	여러 가지 재료의 맛과 특성을 알 수 있다.
준비 재료	밥, 김, 단무지, 햄, 시금치, 당근, 달걀, 우엉, 어묵, 소금, 설탕, 참기름, 식초, 물엿, 간장
준비 도구	김발, 수저, 나무주걱, 프라이팬, 칼, 도마, 접시, 거품기
준비하면서 묻기	• 소풍이나 야외에 가서 어떤 음식을 먹었나요? • 간편하면서 영양이 골고루 들어 있는 음식에는 무엇이 있을까요? • 어떤 김밥을 먹어 보았나요? • 김밥은 어떻게 만들까요? • 김밥에는 무엇이 들어 있나요?
활동 내용	• 달걀은 거품기로 풀어 도톰하게 지단을 부친다. • 햄, 어묵, 당근은 팬에 볶고 시금치는 데친다. • 우엉은 삶아서 물엿과 간장, 물을 넣고 조린다. • 식초, 소금, 설탕을 밥에 넣고 골고루 섞는다. • 김발 위에 김을 깔고 밥을 살살 펴고 속재료들을 하나씩 넣는다. • 터지지 않게 살살 김발로 돌돌 말아 참기름을 칠한다. • 완성되면 도마에서 먹기 좋은 크기로 잘라 접시에 옮겨 먹는다.
활동하면서 묻기	• 김의 모양과 색은 어떤가요? • 시금치를 데치니 어떻게 변하였나요? • 달걀을 깰 때 느낌은 어떤가요? • 달걀을 거품기로 저으니 어떻게 되었나요? • 달걀을 구우니 어떻게 변하였나요? • 빼고 싶은 재료는 있나요? 왜 빼고 싶나요?
활동하고 나서 묻기	• 맛이 어떠했나요? • 만들 때 어떤 점이 가장 재미있었나요? • 만들 때 어떤 점이 가장 힘들었나요? • 다음에는 어떤 김밥을 먹고 싶은가요? • 빼지 않고 넣은 재료는 어떤 맛을 내나요?

[그림 9-27] 김밥

(10) 떡볶이 만들기(6~7세)

활동 목표	우리나라 대표 식품 중 하나인 쌀로 만든 대중적인 음식을 안다.
준비 재료	떡볶이용 가래떡, 어묵, 고추장, 케첩, 올리고당, 파, 마늘, 양파, 물, 깨, 계란 등
준비 도구	프라이팬, 나무주걱, 칼, 도마, 접시
준비하면서 묻기	• 떡볶이를 좋아하나요? • 어떤 맛의 떡볶이를 먹어 보았나요? • 어떤 맛을 제일 좋아하나요? • 고추장떡볶이의 맛은 어떨까요? • 어떤 양념으로 맛을 낸 것 같나요?
활동 내용	• 떡을 물에 담가 놓는다. • 양파를 채 썰고 파와 마늘을 다진다. • 어묵을 떡 크기와 맞추어 썬다. • 프라이팬에 고추장, 케첩, 올리고당, 물, 파, 마늘, 양파를 넣고 끓인다. • 끓으면 떡과 어묵을 넣고 조린다. • 완성되면 접시에 담아 함께 먹는다. • 계란은 삶아서 껍질을 까 놓는다.
활동하면서 묻기	• 가래떡은 무엇으로 만들었을까요? • 떡을 물에 넣으니 어떻게 변하였나요? • 양파는 어떤 냄새가 날까요? • 음식이 싱거울 때 무엇을 넣으면 될까요? • 매운 맛을 내는 것은 무엇일까요?
활동하고 나서 묻기	• 떡볶이의 맛이 어떤가요? • 지금까지 먹어 본 떡볶이에는 어떤 것들이 있나요? • 지금까지 먹어 본 떡볶이와는 어떻게 다른가요? • 어떤 다른 재료로 떡볶이를 만들 수 있을까요? • 만든 떡볶이에 이름을 붙인다면 무엇이 좋을까요?

[그림 9-28] 떡볶이

(11) 스파게티 만들기(6~7세)

활동 목표	• 세계 다른 나라의 문화에 대해 관심을 가지고 특징을 안다. • 이탈리아의 문화와 생활 풍습을 이해한다.
준비 재료	스파게티면과 소스, 베이컨, 양파, 버터, 소금, 설탕, 물, 올리브오일, 김치, 바지락
준비 도구	팬, 냄비, 나무주걱, 체, 칼, 도마, 접시
준비하면서 묻기	• 무엇이 준비되어 있나요? • 어떻게 만들어야 할까요? • 스파게티는 이탈리아의 대표 음식인데 이탈리아는 어떤 나라일까요? • 스파게티를 먹어 본 적이 있나요? • 어떤 스파게티를 좋아하나요?
활동 내용	• 냄비에 물과 올리브오일을 넣고 스파게티면을 삶는다. • 김치, 베이컨, 양파를 잘게 썰어 버터를 넣고 볶는다. • 베이컨이 익으면 스파게티소스를 넣고 함께 끓여 주다가 소금으로 간을 한다. • 면이 반 정도 삶아지면 체에 잠시 받쳤다가 소스를 끓이는 냄비에 넣어 다 익힌다. • 완성되면 접시에 옮겨 먹는다.
활동하면서 묻기	• 스파게티를 만들 때 주의해야 할 점은 무엇일까요? • 스파게티면이 어떻게 되었나요? • 소스는 무슨 색인가요? • 베이컨은 어떤 맛이 나나요?
활동하고 나서 묻기	• 우리나라 국수와 무엇이 다른가요? • 스파게티는 어디에서 많이 먹을까요? • 스파게티는 어떻게 나누어 먹을 수 있을까요?

[그림 9-29] 스파게티

10장

푸드 표현 예술 치료
(food art therapy)

10장 | 푸드 표현 예술 치료(food art therapy)

푸드 표현 예술 치료 개요

1. 푸드 표현 예술 치료의 개념

푸드 표현 예술 치료(푸드 아트 테라피 : food art therapy)는 유아·아동·청소년·성인·노인 장애와 심리적인 갈등으로 인한 정서적인 문제를 안고 있는 모든 사람을 대상으로, 음식이나 식재료를 통해 현재의 심리를 나타내고 그 과정을 통해 문제가 있는 심리를 위로받는 일종의 심리 치료 활동이다. 이러한 요리 활동을 통해 스스로를 이해할 수 있으며, 바람직한 자아를 형성할 수 있다.

푸드 표현 예술 치료는 무의식을 만나는 공간으로 우리의 의식 세계를 열어 주고, 자신이 미처 인지하지 못하고 있던 것을 드러내게 하여 새로운 정보를 인식하게 해준다.

[그림 10-1] 푸드 표현 예술 치료

2. 푸드 표현 예술 치료의 목적

푸드 표현 예술 치료를 통해 자연스럽게 자기를 치유하여 스스로를 돌아보게 되고, 자신 안에 있는 본래의 건강함을 되찾게 되며, 강한 카타르시스를 경험하게 되고, 자신의 내면이 비워지면서 새로워지게 된다. 또한 스스로를 통찰하면서 자아 성장으로 인하여 성숙하게 된다.

예술이라는 창조 활동은 삶에 무한한 풍요로움을 제공하고, 우리의 삶에 새로운 흐름을 열어 주며, 정신적 영양분과 함께 많은 에너지를 얻게 해 준다.

3. 푸드 표현 예술 치료의 특성과 장점

(1) 푸드 표현 예술 치료의 특성

유년 시절에 소꿉놀이와 역할 놀이, 나뭇잎으로 김치를 담그는 놀이 등을 즐겨하며 알 수 없는 즐거움과 기쁨을 느꼈던 것을 기억할 것이다.

이러한 놀이 활동들은 긴장과 스트레스를 완화시켜 주고, 무의식을 자극하여 자신의 현재 상태를 변화시킨다.

① 누구나 쉽게 할 수 있고 여러 가지 새로움을 느낄 수 있다

씻기, 썰기, 자르기, 다듬기, 볶기 등의 다양한 조리 활동을 반복하는 것으로 보이지만 결과물은 늘 새로움을 가져와 지루하거나 거부감이 없다. 또한 호기심을 자극하고 활동하는 동안 흥미롭다.

② 언어적 표현이 활발하게 이루어진다

언어 발달 수준에 맞추어 언어화시키는 작업을 필요로 하고, 요리 자체는 비언어적 수단이지만 이것이 치료 활동으로 이어진다면 대상자의 의도와는 완전히 반대로 활동의 통찰, 학습, 성장으로 유도해 낼 수 있다. 다양한 활동은 많은 언어 표현이 이루어지도록 구성되어야 한다.

③ 구체적인 재료를 즉시 얻어 활동을 체험하게 된다

실물 재료를 즉시 얻을 수 있고 구체적인 활동을 체험하게 된다. 또한 어디서나 접할 수 있는 음식과 재료를 통한 활동이므로 거부감이 없고, 결과물이 확인되므로 성취감이 높으며, 자부심이 반영되어 실용성과 효과성이 높다.

④ 신체적 발달과 심리적, 정서적 안정을 가져온다

안정감과 성취감을 가져와 심리적, 정서적 안정은 물론 심상을 자극하고 표출하여 창조적 과정으로 나아가게 할 수 있다.

⑤ 특별한 장소가 아닌 실생활 공간을 활용할 수 있다

평소 식사를 하는 등 익숙한 공간인 주방에서 활동이 이루어지므로 거부감 없이 받아들일 수 있다.

⑥ 활동하는 동안 단순한 신체 활동이 아닌 동기 유발과 에너지를 이끌어 낼 수 있다

무엇을 만들 것인가를 논의하고, 재료 준비에서 시작하여 활동하는 과정과 마지막 정리 활동까지 개인의 신체적 에너지를 소비하면서 단순한 신체 활동이 창조적 에너지로 전환될 수 있다. 또한 결과를 예측할 수 있고 즉시 결과가 나온다.

(2) 푸드 표현 예술 치료의 장점

① 작품을 완성한 순간의 기쁨을 얻을 수 있다.

② 완성한 작품은 즉시 해체하여 원래 재료 상태로 보관할 수 있다. 특히 먹을 수 있는 재료는 생리적 욕구와 심리적 욕구를 충족시키는 좋은 간식도 된다.

③ 자연 소재인 음식 재료를 만지고 다듬고 먹으면서 유희 본능이 충족된다.

④ 자기 안의 실제 자신(real self)과 만나는 과정을 통해 미처 보지 못했던 자기 안의 부정적인 감정을 알아차릴 수 있다.

⑤ 자신에 대한 이해와 성찰, 자기 돌봄 과정을 거치면서 성숙된 자아와 만나 성장함으로써 새로운 마음의 힘을 찾게 되어 건강해진 스스로와 마주할 수 있게 된다.

⑥ 현재 느끼는 마음을 기록하고 그것을 미래의 꿈과 소망으로 표현할 수 있다.

⑦ 언제 어디서나 음식 재료를 사용하여 내면의 욕구를 표현함으로써 삶을 풍요롭게 한다.

⑧ 일상생활 속에서 쉽게 적용이 가능하며, 자기 스스로 치유할 수 있도록 도와주는 생활 속의 '자가 치료(self therapy)'라고 볼 수 있다.

4. 적용 대상

(1) 일상생활에서 치료를 하고 싶어하는 사람들

전업 주부들의 경우, 음식 재료를 다듬고 만지고 버릴 경우에도 내면에서 이것을 어떻게 재미있게 표현하고 응용해 볼까 하는 놀이 욕구를 가지고 일상생활 속에서 자연스럽게 자신의 내면을 관찰하는 기회를 가질 수 있다.

이렇듯 눈을 돌리면 여기저기에 보이는 음식 재료들을 자신의 마음을 갈고 닦는 도구로 사용하여 일상생활 속에서 긍정적인 심리를 개발하고 감성 지능을 함양시킬 수 있다.

(2) 유아와 아동

위험 요소가 없는 음식 재료를 이용하여 아이들은 자신의 마음을 표출할 수 있고 잠재 능력을 개발할 수 있다. 재미있고 신나는 푸드 표현 활동을 통해 자신감을 찾고 당당하게 자신을 표현하는 힘을 기를 수 있다.

조형 놀이나 표현 활동은 인지 능력이나 사고력, 창의력 등 인간의 다양한 감각을 개발할 수 있게 한다. 유아와 아동의 오염되지 않은 마음과 두뇌는 올바른 학습 활동으로 새로운 지식과 능력을 받아들이는 데 강한 집중력을 발휘한다.

(3) 상상력, 표현력, 문제 해결력을 기르고 싶은 사람들

동화나 시사적 이야기를 듣고 나서 그 이야기에 대한 느낌이나 생각을 가능한 한 구체적으로 묘사해 보는 연습을 통해 상상력과 창의성이 향상된다. 마치 어린아이가 된 듯 이야기를 듣고 또는 실물을 보고 또 상상 활동을 통하여 표현하고자 하는 욕구를 자극받게 된다. 음식 재료를 만지면서 놀이처럼 진행되는 푸드 표현 예술 치료와 함께하는 퇴행 과정을 통해 타고난 잠재력을 끌어올리고 신선한 표현에 대한 즐거움과 성취감을 경험할 수 있다.

(4) 스트레스를 받는 성인 및 노인들

급박한 현실 속에서 스트레스를 안고 살아가는 성인들과 노인들의 경우, 자연 치유력이 강한 음식 매체를 이용한 표현 놀이로 퇴행을 경험하여 즐거움의 욕구를 충족시키면 기분이 전환되어 스트레스를 극복할 수 있는 마음의 힘과 면역력을 기르는 데 도움이 될 수 있다. 더 나아가 노인들이 나이를 먹는 것에서 느끼는 상실감이나 소외감을 경감시킬 수 있고, 놀이처럼 순간순간을 즐기며 건강함을 회복하는 데 도움이 될 수 있다.

(5) 장기간 입원 중이거나 투병 중인 환자 및 보호자 가족들

오랜 기간 투병 생활을 하는 장기 입원 환자들의 경우, 환자 당사자는 물론 환자를 돌보는 보호자도 몸과 마음이 약해지고 면역력이 저하되어 있을 수 있다. 이런 경우 환자들의 면역력에 도움이 되는 유기농 음식 재료를 사용해 레크리에이션 기법을 활용한 푸드 표현 놀이를 하면서 잠시라도 몸의 아픔을 잊고 몰입 경험을 할 수 있다.

(6) 현실 부적응 및 발달 장애를 가진 아동이나 청소년, 성인

현실에 적응하지 못하는 아동이나 청소년의 경우, 음식 재료를 활용한 재미있는 놀이 활동을 통해 긍정적 정서를 함양하고, 자신의 새로운 모습을 발견하며, 자기가 가지고 있는 능력을 회복하는 경험을 할 수 있다. 또한 지적 장애나 신체 장애를 가진 사람들의 경우에도 장애로 인한 스트레스를 해소하고, 장애를 점차적으로 개선해 가는 데 도움이 될 수 있다.

(7) 요식 관련 사업을 하는 사람들

음식점을 경영하는 개인 사업자나 빵과 도넛을 판매하는 제과점에서 다양한 방식의 체험 학습을 푸드 표현 예술 치료와 접목해 볼 수 있다. 음식점을 운영하는 개인 사업자의 경우, 손님들을 대상으로 가족들이 함께 참여하는 가족 치유 프로그램을 운영할 수 있다. 푸드 표현 예술 치료 기법을 적용하여 가족 상호 간의 이해의 폭을 넓히고, 의사소통 기술을 연습하며, 가족 간의 응집력을 향상시키는 가족 화합 프로그램을 개발하여 제공함으로써 다른 곳과의 차별화 전략을 추구할 수 있다.

5. 푸드 표현 예술 치료의 분야별 활동

(1) 놀이 활동

식재료와 조리 도구가 놀잇감이 되어 새로운 것에 대한 흥미와 호기심이 생기며 정서의 변화를 알 수 있다. 역할에 대해 알고 활동할 수 있으며 상징 놀이를 할 수 있다.

(2) 미술 활동

식재료를 활용하여 미술적 감각을 기를 수 있고, 재료가 가지는 질감과 천연의 색, 농도 등을 알고 표현할 수 있다.

(3) 음악 활동

활동 과정을 노랫말로 표현하여 박자에 맞추어 리듬을 만들면서 식재료가 가지고 있는 소리가 제각각 다름을 알 수 있으며, 조리 도구의 활용에서 표현되는 소리를 알 수 있다.

(4) 언어 활동

식재료, 조리 도구, 문장 카드, 낱말 카드, 사진 카드, 활동지 등을 활용하여 다양한 표현 방법과 표현 능력이 발달되고, 좋고 싫음의 의사 전달을 분명히 할 수 있으며, 이야기를 나누고 꾸밀 수 있다. 또한 언어적·비언어적 표현 능력이 생겨, 언어와 몸짓, 감정 표현이 자유로워지며 의사 전달을 분명히 할 수 있다.

(5) 작업 활동

요리 활동에서 사용되는 조리 도구를 조작할 수 있고, 이들을 조작함으로써 소근육과 대근육, 온몸이 발달되고, 양손과 눈, 손의 움직임을 조절할 수 있는 능력이 생기게 된다. 또한 다듬기와 씻기, 썰기 등의 조리 과정에서 균형 감각과 신체 조절 능력이 발달된다.

(6) 인지·학습 활동

사고와 창의력이 발달되고, 수의 개념과 크기를 비교할 수 있으며, 색을 구별하고 사물을 대응하고 분류하기를 잘할 수 있다. 또한 과거와 미래의 일을 비교하여 배울 수 있고, 날짜 세기와 계절 익히기를 이해할 수 있다.

(7) 사회성 훈련 활동

또래와 관계를 맺으며 선의의 경쟁을 하고, 타인과의 상호 작용을 인식할 수 있으며, 감정을 조절할 수 있다. 활동에 적극적이고, 자신감이 생기며, 역할 놀이를 통해 성취감을 가진다.

(8) 재활 활동

역할 수행을 통해 독립성을 추구하고, 문제 해결 능력이 생기며, 긍정적인 경험을 갖게 되어 생산적인 활동을 한다. 작업 재활로 이어질 수 있고, 통제 능력과 조절 능력을 기른다.

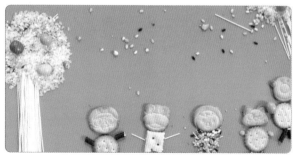

[그림 10-2] 재활 활동

푸드 표현 예술 치료의 필요성과 효과

1. 푸드 표현 예술 치료의 필요성

(1) 통합 프로그램으로서의 요리 치료

① 요리 치료는 대상자의 수준을 조절하여 발달을 증진시키고 활동 대상자가 할 수 있는 활동과 연결한다.

② 요리 치료를 통합 프로그램으로 개발하며 활동 회기마다 목표가 각각 달라진다.

③ 활동 대상자에 따라 활동 방법과 수준을 조정할 수 있고, 소근육과 대근육, 그 외 기관들의 협응 등 균형 있는 신체 통합이 이루어져 신체적 · 정서적 · 정신적 · 심리적인 성장과 안정을 가져온다.

④ 사회성 훈련 · 재활 · 직업으로 이어지는 지역 사회 통합이 이루어진다.

(2) 수용 프로그램으로서의 요리 치료

대상자를 이해하고, 대상자의 발달을 촉진하며, 일반화할 수 있는 능력을 향상시키고, 대상자를 포함한 가족 · 동료 · 지역 사회 구성원 간의 긍정적이고 효과적인 상호 작용을 유도할 수 있다. 대상자의 연령, 교육 정도, 관계자의 욕구, 지식 정도 등에 따라 관심사가 다를 수 있으므로 이러한 부분들을 고려하여 그룹을 구성하고 활동의 목표와 내용을 정한다.

(3) 자기 표현 프로그램으로서의 요리 치료

대상자는 자기의 생각이나 의견을 표현할 수 있으며, 함께 활동하는 분위기와 기분에 적절하게 반응하고 대응하여 스스로를 표현하는 말이나 행동을 찾게 된다. 자기 표현 기술의 습득은 문제 판단, 문제 해결 능력과 밀접한 관계를 가지고 있으며 상호 작용을 위한 사회적 기술 교육으로도 매우 유용한 프로그램이다.

(4) 재활 프로그램으로서의 요리 치료

① 신체적 재활 : 제한된 신체의 기능을 촉진하여 능력을 향상시킬 수 있다.

② 사회적 재활 : 가족과 지역 사회가 요구하는 조건에 적응할 수 있는 능력을 향상시킬 수 있다.

③ 직업적 재활 : 사회의 일원으로 경제적으로 자립할 수 있는 기회를 가질 수 있다.

④ 심리적 재활 : 독립적이고 자발적으로 할 수 있다는 도전 의식과 성취감으로 정서적인 안정을 가져온다.

 요리 치료 프로그램 계획과 활동 시 실천 사항

① 프로그램 활동 준비에 대상자를 참여시킨다.
② 활동 대상자에게 선택할 기회를 준다.
③ 대상자 스스로 활동할 수 있도록 한다.
④ 대상자 간의 사회적 상호 작용을 활발히 촉진시켜야 한다.
⑤ 대상자의 신체 사용 능력에 따라 필요한 경우에는 수정·보완된 조리 도구를 사용하여 독립적인 활동이 되도록 해야 한다.
⑥ 요리 활동은 다른 개념들을 통합한 작업 활동이다.
⑦ 요리 활동을 언어 학습의 기회로 활용한다.
⑧ 활동 후 시식을 하고 뒷정리 활동에 대상자를 참여시킨다.
⑨ 마무리를 한 후 적절한 씻기 활동을 할 수 있게 한다.

2. 활동 후 효과

① 반항심이 크거나 의심이 많은 사람들, 의사소통에 문제가 있거나 마음대로 행동을 하거나 지적 장애가 있는 사람들에게 그들이 본래 가지고 있던 자연 치유력 등 내면의 힘을 복원시킬 수 있는 능력을 키워 준다.
② 표현 능력을 개발해 주며 나아가 창의성을 키워 준다.
③ 음식 재료라는 친숙한 소재를 활용하므로 다양한 계층의 사람들에게 거부감 없이 쉽고 편안하게 다가갈 수 있으며, 놀이처럼 즐겁고 흥미와 재미를 유발하여 행복한 심리를 갖도록 해 준다.
④ 아동·청소년·성인·노인뿐 아니라 장애인·다문화 가족·부부·정서적으로 곤란을 경험한 다양한 사람들에게도 효과가 있다.
⑤ 마음의 고통을 호소하는 사람들이나 학대를 경험한 아동·청소년·성인, 스스로 문제를 해결하는 데 어려움이 있는 가족, 보호 시설에서 요양 중인 노인들에게도 성공적으로 행해지고 있다.
⑥ 학습 장애나 정서 장애가 있어서 자아 존중감이 낮은 아동과 청소년의 마음을 쉽고 빠르게 회복시킬 수 있다.

⑦ 장기 입원 중인 소아나 성인 환자들의 경우는 오랜 기간의 투병 생활로 몸과 마음의 면역력이 저하되어 있을 수 있는데, 위험성이 없는 음식 재료를 활용한 표현 놀이는 몸의 면역력과 마음의 치유 기능을 살리는 데 일조한다.

복잡하고 심란했던 때(치료 전)의 감정을 표현

치료 과정

지금(치료 후)의 행복하고 흐뭇한 감정을 표현

[그림 10-3] 푸드 표현 예술 치료 과정

상담 진행 과정과 치료의 실제

1. 상담 진행 과정

정서나 행동에 문제가 있는 당사자는 푸드 표현 예술 치료를 통해 자신의 내면을 알아보고 느끼며 성찰하고 위로받거나 자신의 바람을 재료를 통해 나타내기도 한다.

(1) 상담 진행 과정 예시

① 초등학생

문제점	• 공손하고 예의바르지만 동생이 하는 일에는 트집을 잡고 자주 다투며, 수업 시간에 장난을 치고 충동적으로 행동해서 선생님에게 지적을 많이 받는다. • 어려운 것은 무조건 하지 않으려는 경향과 '몰라요.'라는 대답을 반복한다.
상담 내용	• 아빠는 화가 나면 엄청 무섭고 야단을 많이 치신다. • 동생은 여우같아 얄밉다. • 아동은 자신감을 갖고 싶고, 공부를 잘하고 싶고, 남 앞에서 말을 잘하고 싶고, 문제 해결력을 기르고 싶다고 설문지에 동그라미 표시를 하였다.

상담 내용	• 아동의 과잉 행동에 대한 척도 점수는 76점으로 높게 나타났다. 과잉 행동은 앉아서도 손발을 가만두지 못하고 몸을 뒤틀고 교실이나 앉아 있어야 할 곳에서 자주 자리를 이탈하거나 지나치게 말이 많고 질문이 끝나기 전에 대답이 불쑥 튀어나오는 등의 충동성을 동반하고, 대화나 게임에 끼어들듯이 참견하거나 다른 사람을 방해하는 행동을 말한다.
상담 과정	• 아동은 초기 면접 때는 성실하고 의욕적인 자세로 호기심을 가지고 빨리 해 보고 싶다며 적극적인 모습을 보였다. • 사전 검사 : KPRC(The Korean Personality Rating Scale for Children) 검사 　　　　　　　= 한국 아동 인성 평정 척도 검사 • 감정 탐색 및 친밀감 형성 : 뻥튀기 격파, 스트레스 풀기, 내가 좋아하는 것 • 감정 표출을 통한 자신감 형성 : 자유롭게 표현하기, 가족 관계 표현하기, 과자집 만들기 • 실행기에서 자아 찾기 : 자신에게 선물 주기, 장점 나무 만들기, 나의 태양계 그리기, 자신의 변화 표현하기 • 자존감 확립 실천 단계 : 내면의 힘 찾기, 자랑 나무 만들기 • 사후 검사 : KPRC 검사
결과 해석	• 아동은 강한 아버지의 통제를 받고 공부를 잘하는 동생과 비교를 당하며 심리적으로 위축되고 자신감을 잃어 낮은 자아 존중감을 갖게 되었다. • 치료사는 아동에게 보호적 공간을 형성해 주고 심리적 만족을 통해 자신에 대한 신뢰감을 회복할 수 있도록 중간 대상의 역할을 하였다. • 치료를 통해 아동이 기대고 의존할 수 있는 안정된 분위기를 형성하여 심리적 결핍을 채워 갈 수 있는 경험을 하도록 하였다.
치료 결과	• 아동은 정서적으로 긍정적인 자아상을 확립해 갈 수 있는 힘을 회복하였다.

② 대학생

문제점	• 매사 즐겁지도 않고 다른 사람들과의 관계에서 감정 조절이 안 되고 불쑥불쑥 성질이 난다.
상담 내용	• 최근 1년간 가족 구성원의 불행한 사건을 겪었다. • 부모의 건강 악화로 자기 감정의 통제가 잘 안 되는 경험을 겪었다. • 밤에 잠을 잘 못 자고 수면 중 여러 번 깬다.
상담 과정	• 아주 적극적이지는 않지만 자신의 생각과 의견을 분명하게 전달하였다. • 감정 탐색 및 친밀감 형성 : 초코파이와 라면을 이용하여 표정 나타내기 • 자신의 모습 표현하기 : 재료를 이용하여 과거, 현재, 미래 표현하기 • 난화 게임(squiggle drawing game) : 커피가루를 이용하여 그림 그리기 • 자신에게 선물 주기 : 초콜릿을 통한 선물 만들기
결과 해석	• 세상에서 누구나 한 번씩 겪을 만한 일이지만 어린 나이에 감당하기 힘들게 다가왔고, 참으며 견디다 보니 의지할 사람도 많이 없어 자신의 감정을 짜증이나 화로 풀게 된 것 같다. • 치료사는 학생의 이야기를 들어주면서도 위로를 아끼지 않아 자신의 잘못이 아니라는 것을 알게 해 주었다.

치료 결과	• 직접 작품을 만들면서 자신의 마음을 표현하고, 작품을 완성해 가면서 만족감과 영감을 얻어 성장하고 성숙하게 되었다. • 만든 작품과 대화하고 먹으며 안정감과 에너지를 얻었고, 손이 많이 가는 부분을 표현하는 중간중간마다 인내와 끈기를 배웠다. • 작품을 만드는 데 재료를 얼마나 사용해야 되는지를 알아가는 과정에서 자기 조절력과 통제력이 생겼다. • 치료를 통해 자신의 상처받은 마음을 위로받았고 자신의 성격은 물론 자신감까지 회복하였다.

③ 시험을 앞둔 일반 대학생들

문제점	• 불안하고 초조하며 감정 조절이 안 되고 성질이 난다.
상담 내용	• 고등학교를 졸업하고 많은 강박 관념에서 벗어난 지 얼마 되지 않아 또 시험이라는 굴레에 들어왔다. • 정체성 없이 자기 감정의 통제가 잘 안 되고 이성과 감정이 다르게 움직이는 경험을 겪었다.
상담 과정	• 적극적이지는 않지만 새로운 경험에 대한 호기심과 자신의 생각과 의견을 분명하게 전달하였다. • 감정 탐색 및 친밀감 형성 : 초코파이로 인물을 표현하고 사랑하는 감정 나타내기 • 자신의 모습 표현하기 : 국수를 이용하여 현재의 기분 표현하기 • 순서대로 가족에 대한 감정 표현하기 : 커피가루를 이용하여 가족 구성원에 대해 표현하기 • 미래에 대한 꿈 표현하기 : 쌀로 미래의 밝은 희망 표현
결과 해석	• 성장하면서 성장 단계에 따라 한 번씩 겪을 만한 일이지만 짧은 시간에 또 다른 시험이라는 문턱을 넘다보니 자신의 감정에 짜증이 나 화와 자책감에 빠지게 된 것 같다. • 치료사는 학생의 이야기를 들어주면서도 위로를 아끼지 않으며 성장하면서 자연스레 겪는 과정으로 자신의 잘못이 아니라는 것을 알게 해 주었다.
치료 결과	• 시험이라는 강박 관념 앞에서 스스로 나약해지는 것은 성장하면서 누구나 겪는 경험이자 미래의 꿈이 이루어지기 위한 과정으로 표현함으로써 지금의 불안한 심경을 완화시킬 수 있었다.

[그림 10-4] 초코파이로 표현하기

(2) 상담 시 주의 사항

① 상담자와 함께 활동을 준비하도록 한다.

② 식재료로 자신이 원하는 작품을 만들게 한다.

③ 전문가는 상담자가 만든 작품을 통해 상담자와 소통한다.

④ 상담자에게 답을 주려 하지 않고 스스로 찾도록 유도한다.

⑤ 상담자에게 주의를 기울이고 관심을 가져야 한다.

⑥ 식재료를 통해 자신의 마음을 이해하고 성찰할 수 있도록 돕는다.

⑦ 열린 마음으로 솔직하게 말할 수 있도록 이끈다.

⑧ 잠재력을 발견할 수 있도록 칭찬과 자극을 적절히 유도해 준다.

⑨ 공감할 수 있도록 한다.

2. 치료의 실제

(1) 요리 치료 프로그램 계획의 실제

① 대상자 이해하기

활동 대상자의 특성을 빠르게 파악하고 발달 수준, 수행 능력, 언어 표현 수준을 알아야 한다.

② 목표 정하기

대상자들이 수행할 수 있는 공통의 목표를 정하고 달성할 수 있도록 한다.

③ 프로그램 구성하기

다양한 식재료와 조리 도구를 경험할 수 있도록 정한다. 계절의 특성과 경제적인 면도 고려해야 한다.

④ 순서 정하기

대상자들이 활동 가능한 순서를 계획한다. 식재료와 조리 도구의 활용 능력과 인지 수준을 파악하여 순서를 정한다.

⑤ 인원 파악하기

유아, 아동이나 장애를 가진 대상자의 경우는 치료사 1인에 4~6인이 적합하다. 심리 치료와 재활을 목적으로 한다면 인원은 적을수록 좋다.

⑥ 장소 점검하기

장소에 따라 활동 목표, 활동명, 활동 순서가 달라진다. 물을 사용할 수 있다면 좀 더 다양한 활동으로 이어질 수 있다.

⑦ 시간 배분하기

활동 순서에 따라 활동 시간을 배분하며, 보통 활동 시간은 90~120분이 적합하다.

⑧ 식재료와 조리 도구에 적응시키기

학교에서 하는 활동은 담당자가 재료와 조리 도구를 준비하는 경우가 많으므로 활동 대상자가 상황에 빨리 적응할 수 있도록 한다.

(2) 요리 치료 기술의 실제

① 대상자의 장애 특성 파악하기

대상자들을 담당하는 관계자가 대상자들의 장애나 특성에 대해 설명해 주기도 하지만 치료사가 현장에서 직접 파악해야 되는 경우도 있으므로 장애에 대한 이론적인 지식과 특성들을 익혀야 한다.

② 대상자의 행동 특성 파악하기

대상자들은 활동 환경과 관심 분야, 치료사의 특성에 따라 다르게 표현하는 경우가 많으므로 행동 특성에 대한 사전 지식을 갖추어야 한다.

③ 목표 설정 및 기록하기

대상자의 특성에 따라 활동 목표가 달라짐을 인식하고 대상자와 환경에 적합한 목표를 정해야 하며, 목표는 구체적인 행동 용어로 기록해야 한다. 대상자가 목적한 행동 변화를 가져오기 위해서는 소요 시간, 기간이나 시간적 빈도 등과 같은 시간 조정이 포함되어야 한다.

④ 활동 프로그램 분석 후 결과 예상하기

요리 치료 프로그램을 왜 실시해야 되는지의 필요성을 파악하고 대상자와 환경 등을 분석하여 구체적인 결과물을 예상한다.

⑤ 활동 내용 및 과정을 단계적으로 계획하기

활동 프로그램 상호 간에 밀접한 연결을 지으면서 단계적으로 계획한다. 구체적인 활동에서 추상적인 활동으로 계획하고, 쉬운 활동에서 어려운 활동으로 계획하며, 시각적인 활동에서 청각적인 활동으로 계획한다.

⑥ 대상자의 행동 흐름 파악하기

대상자의 행동을 미리 예측하여 움직이기 위해서는 많은 경험과 기술이 필요하다.

⑦ 자신감 있게 지도하기

지도를 할 때는 활동을 하도록 가르치거나 짧고 간결하게 일관성 있는 목소리로 지시한다.

⑧ 지시와 동시에 행동으로 즉시 연결하기

한 단계의 활동이 끝나고 다음 활동으로 이어질 때 활동 수준이 높은 대상자는 기다리지 않도록 이어서 다음 단계의 활동을 준비할 수 있지만 활동 수준이 낮은 대상자는 치료사가 지속적인 반복 지시와 함께 활동에 도움을 주어야 한다.

⑨ 끝없는 반복 훈련하기

요리라는 활동은 같은 활동을 계속 하는 것처럼 보이지만 결과물이 달라진다는 장점이 있어 대상자들이 지루해하거나 싫증을 내지 않으므로 무한정 반복 훈련이 가능하다.

⑩ 일관성 있게 대처하기

대상자가 활동하는 짧은 순간에도 상황에 따라 감정과 정서가 다르게 표출되므로 치료사는 대상자의 성향, 발달 수준, 특이 상황 등을 파악하여 일관성 있게 활동한다.

⑪ 중도 포기 않기

대상자가 행동 수정을 끝까지 하지 않을 경우에는 처음부터 맞서지 말고 무시한다. 그러나 행동 수정을 하고자 할 때는 중도에 포기하지 않고 도와주도록 한다.

⑫ 치료사가 묻고 대답하기(표현에 어려움이 있는 대상자)

손만 움직여 활동할 수 있으므로 치료사는 혼자서 묻고 대답하는 것을 반복하며 대상자의 반응을 알아차리고 표현하도록 한다.

[그림 10-5] 치료의 실제

활동 프로그램 사례 양식

1. 활동 프로그램 사례 예시

(1) 개별 요리 치료 프로그램

① 산만한 아동(ADHD : 주의력 결핍 과잉 행동 장애) 요리 치료 프로그램의 예

회 기	활동 목표와 활동 프로그램
1	라포(rapport) 형성으로 대상자를 알 수 있어요. → 체크 리스트 작성
2	산만한 행동을 발산할 수 있도록 해요.
3	착석이 가능해요(10분).
4	지시에 따를 수 있어요.
5	내가 하고 싶은 활동은 무엇인가? 말하고 활동할 수 있어요
6	마켓에 가서 필요한 재료를 구입할 수 있어요. → 필요한 재료를 듣고 기억해서 사 오기
7	구입한 재료로 만들 수 있어요.
8	지난 회기를 기억하고 표현할 수 있어요. → 그림으로 표현해요.
9	혼자서 활동할 수 있어요. → 착석이 가능해요.
10	○○을 초대해요. → 간단한 활동의 결과물로 부모님, 선생님, 친구 등을 초대해요.

* 고려해야 할 사항
　① 대상자 특성　　② 생활 연령　　③ 활동 기간
　④ 활동 시간　　　⑤ 활동 환경　　⑥ 활동 인원

② 자폐성 장애의 요리 치료 프로그램의 예

회 기	활동 프로그램
1	또래와 함께하기
2	자리에 착석하기
3	식재료와 친숙해지기, 식재료 이름 익히기
4	그룹과 함께하기
5	조리 도구 이름 알기
6	조리 도구 사용법 알기
7	공동 의식 배우기, 함께 활동하기
8	질서와 규칙 배우기, 기다리기, 차례 지키기
9	지시 따르기
10	분업하고 협동하기

③ 개별 요리 치료 프로그램의 장단점

장 점	단 점
• 새로움에 적응한다. • 긴장감이 있다. • 꼭 필요한 재료들로 한다. • 창의성을 발휘한다. • 편식이 줄어든다. • 치료사의 의도대로 활동한다. • 가족을 과감하게 배제한다. • 자극과 반응이 즉각적으로 주어진다.	• 형제가 끼어든다. • 어머니도 함께하고 싶어한다. • 치료사보다 요리사의 개념이 크다. • 기다려 주는 시간이 짧다.

④ 가정 방문을 통한 개별 요리 치료 프로그램의 장단점

장 점	단 점
• 편안하고 익숙한 장소이다. • 언제든지 실습 가능하다. • 대상자는 오고 가는 시간이 절약된다. • 가족이 보조자로 활동이 가능하다. • 마음이 편안해져 쉽게 요리 활동을 할 수 있다. • 치료 시간 외 가족 활동으로 이루어질 수 있다.	• 익숙한 공간이라 긴장감이 없다. • 가족의 간섭이 잦다. • 스스로 하고자 하는 독립성이 결여된다. • 활동하면서 부모의 눈치를 많이 본다. • 가정에서 하던 버릇이 그대로 나타난다. • 쉽게 포기하고, 끝까지 하려고 노력하지 않는다.

(2) 집단 요리 치료 프로그램

① 상담 학생 요리 치료 프로그램의 예

회 기	활동 프로그램
1	나를 알리고 표현할 수 있어요.
2	함께하는 친구를 알 수 있어요.
3	상호 작용으로 공동 의식을 갖게 해요.
4	자기의 마음을 만나요 : 좌절
5	자기의 마음을 만나요 : 분노
6	자기의 마음을 만나요 : 갈등
7	자기의 마음을 만나요 : 슬픔
8	자기의 마음을 만나요 : 기쁨
9	자기의 마음을 만나요 : 즐거움
10	우리가 만들어요 : 공동체(협동)

② 장애인 시설 요리 치료 프로그램의 예

회 기	활동 프로그램
1	수준과 능력을 알 수 있어요.
2	다양한 식재료와 조리 도구를 탐색해요.
3	요리로 하는 놀이
4	요리로 하는 미술
5	요리로 하는 언어
6	요리로 하는 동화
7	요리로 하는 작업
8	요리로 하는 인지
9	요리로 하는 학습
10	요리 활동으로 나를 표현해요.

③ 특수 학급 요리 치료 프로그램의 예

회 기	활동 목표와 활동 프로그램
1	인지 수준을 알 수 있어요. 예 카나페
2	발달 수준과 능력을 알 수 있어요. 예 쿠키
3	골고루 먹는 편식 예방해요. 예 채소말이
4	소근육 발달을 향상시켜요. 예 새알수제비
5	착석을 가능케 하고 성취감을 느끼게 해 줘요. 예 모닝빵 달걀구이
6	집중력을 도와줘요. 예 견과류 강정
7	사회성을 길러줘요. 예 장보기
8	지시에 따라 혼자 할 수 있어요. 예 묵무침
9	상호 작용과 협동을 할 수 있어요. 예 생크림 케이크
10	식습관과 식사 예절을 익혀요. 예 뷔페식 상차림

④ 집단 요리 치료 프로그램의 장단점

집 단	장 점	단 점
상담 학생	• 선의의 경쟁심이 강하다. • 창의적이다. • 흥미와 호기심을 갖는다. • 어느 순간 쉽게 마음을 연다.	• 주의 집중이 부족하다. • 개성이 강하다. • 비판적이다. • 부정적이다. • 지역적인 차가 크다.
장애인 시설	• 호기심이 강하다. • 새로움을 접하는 계기가 된다. • 활동 지시에 반응이 적극적이다. • 자기가 만든 것은 거부하지 않는다.	• 사전 지도가 필요하다. • 개별적인 지원이 필요하다. • 장애가 다양할 경우 특성을 빨리 파악하고 지원한다.
특수 학급	• 대상자가 상호 의존적이다. • 적극적으로 도움을 요구하고, 타인에게 도움을 주려고 노력한다.	• 타인의 활동도 함께하려고 한다. • 익숙해지면 지시를 무시하고 마음대로 하려고 한다.

(3) 통합 요리 치료 프로그램

① 통합 요리 치료 프로그램의 예

회 기	활동 목표
1	우리는 하나로 통해요.
2	상호 이해를 위한 친밀감을 형성해요.
3	자아 성취감을 향상시켜요.
4	자기 주장 능력을 향상시켜요.
5	나와 다름을 알 수 있어요.
6	함께해서 즐거워요.
7	도움을 요청하고 도움을 줄 수 있어요.
8	장애에 대한 인식을 개선하고 편견을 없애요.
9	우리 함께할 수 있어요.
10	다음에 또 만나는 날을 약속해요.

② 통합 요리 치료 프로그램의 장단점

장 점	단 점
• 상대방을 이해하고 타인을 배려하며 상호 협동한다. • 기다려 준다. • 보호자의 역할을 한다. • 활동의 모델이 된다. • 감정 조절 능력을 키운다.	• 수준의 차이를 인식한다. • 비장애인은 지루할 수 있다. • 보조자의 역할로 생각한다. • 활동의 주체로 생각하지 않는다. • 비장애인끼리 어울린다.

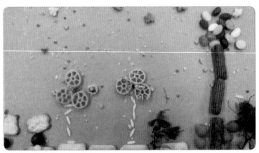

[그림 10-6] 통합 요리 치료

(4) 가족 요리 치료 프로그램

① 형제, 자매 요리 치료 프로그램의 예

회 기	활동 목표
1	나의 형제, 자매를 소개합니다. → 서로의 마음을 열어 우리 팀 표현하기
2	다름 속에 같음을 알 수 있어요.
3	인성 개발의 기초를 배워요.
4	상호 작용을 통한 주고받음을 배워요.
5	서로 간의 밀접한 관계를 증진시켜요.
6	가족 구성원이 변화될 수 있어요.
7	문제 해결 능력을 키울 수 있어요.
8	형제, 자매의 결속을 강화시켜요.
9	나를 표현하고 인정받고 싶어요.
10	상대방을 이해함으로써 스스로 당당해질 수 있어요.

② 형제, 자매 요리 치료 프로그램의 장단점

장 점	단 점
• 자율성이 있다. • 협동심이 있다. • 이해력이 높다. • 긍정적인 사고를 가진다. • 상호 지지 집단을 형성한다. • 원활한 관계 형성이 이루어진다. • 상황 대처 능력을 기른다.	• 자신감이 부족하다. • 다른 형제와 경쟁하게 된다. • 부정적인 멘토와 멘티의 역할이 이루어진다. • 부끄럽게 생각하여 참여율이 저조하다. • 장애 형제의 이해의 폭이 좁아진다. • 비장애 형제의 독점적 활동이 될 수 있다.

[그림 10-7] 가족 요리 치료(커피가루로 화목한 가족 표현)

③ 가족 요리 치료 프로그램의 예

회 기	활동 프로그램
1	우리 가족을 소개합니다. → 가족 이름 짓기, 재료로 가족 구성원 표현하기
2	우당탕탕! 역할 나누기를 합니다.
3	좌충우돌 부부 요리 왕 대회를 개최합니다.
4	아빠는 요리 중입니다.
5	자녀들의 요리 솜씨를 발휘합니다.
6	가족이 함께해서 사랑입니다.
7	다른 가족을 초대합니다.
8	축하 케이크를 만들어요. → 빵 케이크 vs 떡 케이크
9	가족 대표 요리 대회에 출전합니다. → 뷔페 상차림
10	가족 요리 신문을 만들어요.

[그림 10-8] 가족 요리 치료 진행 과정

④ 가족 요리 치료 프로그램의 장단점

장 점	단 점
• 자녀를 이해한다. • 가족 화합의 시간을 가진다. • 아버지의 참모습을 본다. • 가족 구성원의 역할에 대해 이해한다. • 다른 가족을 보면서 우리 가족의 모습을 찾는다. • 동지애 및 동병상련의 끈끈한 애정이 생긴다.	• 아버지가 참여하지 않는 경우가 많다. • 어머니의 단독 활동 비중이 높다. • 비장애 형제를 편애한다. • 권위적인 아버지의 독점 활동이 될 수 있다. • 비관적이고 회의적인 모습을 보인다.

⑤ 다문화 가족 요리 치료 프로그램의 예

회 기	활동 프로그램
1	가족을 소개합니다 → 마음을 나누어 서로를 이해해요.
2	우리의 음식 문화는 다양해요. → 일본, 중국, 필리핀, 베트남, 이탈리아 등
3	우리나라의 전통 음식은 무엇일까요? → 내가 먹어 본 한국 음식
4	일본의 전통 음식은 무엇일까요? → 소바, 돈까스
5	중국의 전통 음식은 무엇일까요? → 탕수육, 만두
6	이탈리아의 전통 음식은 무엇일까요? → 피자, 치즈
7	베트남의 전통 음식은 무엇일까요? → 쌀국수, 라이스페이퍼
8	나는 한국인입니다. → 떡 만들기, 김치 담그기
9	우리나라 명절 음식을 알 수 있어요. → 떡국, 식혜
10	우리나라 음식을 소개합니다. → 홍보 책자 만들기

⑥ 다문화 가족 요리 치료 프로그램의 장단점

장 점	단 점
• 서로의 문화를 배운다. • 체험으로 이해력이 높아진다. • 가족의 소중함을 느낀다. • 동질감과 소속감을 갖는다. • 자국에 대한 긍지를 갖는다.	• 공동체 속에서 이질감과 소외감을 느낀다. • 상대적 결핍을 느낄 수 있다. • 비교 대상이 될 수 있다.

2. 활동 프로그램 진행 과정 시안서(예시)

제목	나들이 풍경
주제	어느새 가을의 문턱에 다다랐다. 푸드 표현 예술 치료의 주제를 '나만의 나들이'로 정해 보면 어떨까? 색다른 기분을 만나게 될 것이다. 다양한 재료들을 주변에서 찾아 연출해 보자.
준비물	색지, 오이, 청경채, 피망, 가지, 방울토마토 등
방법	각자가 생각하는 가을을 연출해 본다.
작품 사진	 
소감	협동 작품을 하면서 서로의 생각과 마음을 나눌 수 있게 되었다. 어떤 일을 함에 있어 내가 항상 주도를 해야 했는데 협동작을 하고 나니 다른 사람의 생각과 마음도 존중하게 되었고, 그렇게 하면 더 큰 힘을 발휘할 수 있다는 것을 알았다. 다른 사람의 말에도 귀를 기울이는 겸손함을 배웠다.
기대 효과	나들이가 주는 의미를 되새겨 보고 자신의 삶을 뒤돌아보며 더 성숙한 삶으로의 여행을 시작해 본다. 이 식재료들은 어떤 나무에서 꽃과 열매들을 맺고 거두고 있는가?

3. 시범 실습식 요리 치료 활동(예시)

활동명	견과류를 넣은 라면땅볼
활동 목표	• 견과류의 종류를 알고 말할 수 있어요. • 견과류를 골고루 먹을 수 있어요. • 양손의 협응, 눈과 손의 협응을 할 수 있어요.
활동 장소	○○ 초등학교 특수 학급
활동 인원	남 2, 여 2

활동 대상	자폐성 장애, 지적 장애, 뇌 병변 장애
활동 시간	13~15시
준비물	• 식재료 : 라면사리, 조청, 설탕, 견과류 • 조리 도구 : 볼, 주걱, 접시, 숟가락, 팬, 휴대용 버너, 쿠키 박스

활동 방법

1. 도입 단계

(1) 활동 프로그램에 대해 이야기를 나눈다.

　① 인사를 한다 : 첫 회기일 경우는 자기를 소개하는 시간을 갖는다.

　② 활동에 대해 이야기를 한다 : 활동 주제, 안전, 위생, 준비 재료, 조리 도구의 활용 등에 대해 설명한다.

(2) 재료 탐색으로 견과류의 종류를 알아보고 이야기를 나눈다.

　① 견과류들이 열리는 나무와 열매에 대해 사진을 살펴본다.

　② 딱딱한 껍데기 속에 속껍질이 있다는 것을 관찰한다.

　③ 견과류를 맛보고 표현해 본다.

2. 활동 단계

(1) 무엇을 만들 것인가 이야기한다.

(2) 준비된 식재료와 조리 도구를 말한다.

(3) 활동 순서도를 보여 준다.

(4) 활동 방법을 설명한다.

(5) 단계별로 시범을 보인다.

(6) 한 단계씩 함께 활동한다.

(7) 개인별과 그룹별을 구분하여 활동한다.

(8) 개인 접시에 나누어 담는다.

(9) 선생님을 초대한다.

(10) 함께 먹는다.

3. 평가 단계

(1) 어떤 활동을 했는지 말할 수 있다.

(2) 재료를 기억하고 말할 수 있다.

(3) 활동 순서를 말할 수 있다.

(4) 활동 소감을 표현할 수 있다.

4. 마무리 단계

(1) 설거지한다.

(2) 도구를 제자리에 정리한다.

(3) 주변을 정리한다.

(4) 앞치마를 정리한다.

(5) 감사 인사를 한다.

실습

푸드 표현 예술 치료 창작 활동

준비물

색 마분지 · A4 용지 2종류, 국수, 비스킷, 쌀, 초코파이, 커피가루, 초코볼, 물티슈 등

**실습
내용**

푸드 표현 예술 치료 실습(현재의 기분, 친구와의 관계, 미래의 꿈, 사랑하는 사람, 가족에 대한 감정
표현 등)

**실습
지도**

준비된 식재료로 다양한 상황을 표현해 보면서 내 안의 나를 발견한다.

**국수 : 현재의 기분
　　　표현하기**

① 덥고 배가 고파서 시원한 국수를
　먹고 싶었다.

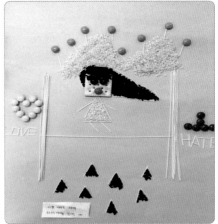

② 사랑 때문에 외줄을 건너는 심정이다.

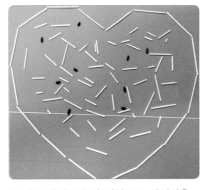

③ 하트 안에 국수와 씨앗으로 상처받은
　마음을 표현하였다.

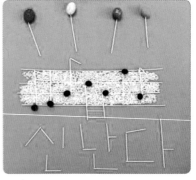

④ 들쑥날쑥한 음표로 신나는 기분을 표
　현하였다.

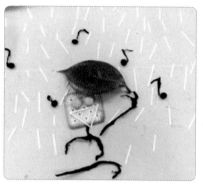

⑤ 비가 오지만 신나는 내 마음을 표현
하였다.

⑥ 다가오는 시험으로 머리가 곤두섰다.

**비스킷 : 친구와의 관계
표현하기**

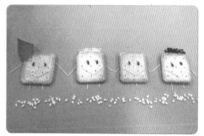

① 친구들과 함께 있으면 행복하다.

② 사랑하는 남자친구를 바라보는 표정
이다.

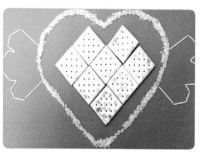

③ 친구를 사랑하는 마음이다.

④ 친구는 여름의 선풍기와 같은 존재이다.

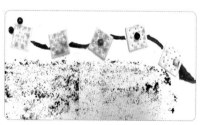

⑤ 친구를 한 사람이라도 잃어버릴 수 없
는 마음을 표현하였다.

⑥ 사랑하는 부모님을 표현하였다.

쌀 : 미래의 꿈 표현하기

① 사랑을 꿈꾸다.

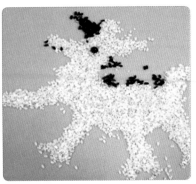

② 모든 사람들에게 희망을 주는 사람이
되고 싶다는 소망을 담았다.

③ A⁺를 기원하며 만들었다.

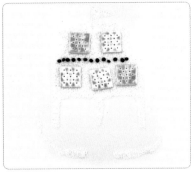

④ 10년 후 궁전 같은 집을 짓고 살 것
이다.

⑤ 요즘 너무 더워서 당장 눈 속에 파묻히
고 싶은 내 모습이다.

⑥ 미래에는 네잎클로버 같은 행운이 깃
들기를 기원하며 만들었다.

초코파이 : 인물 표현하기

① 만 원을 잃어버려서 화가 난 얼굴을 표현하였다.

② 나이가 들어도 멋있는 할아버지를 표현하였다.

③ 새 옷을 사서 행복하신 엄마를 표현하였다.

④ 포식 후 행복한 모습을 표현하였다.

⑤ 일하느라 힘드신 아버지의 검게 탄 마음을 표현하였다.

⑥ 내가 방청소를 하지 않아 화가 나신 엄마를 표현하였다.

기타   주제와 식재료의 종류에 따라 바탕색을 선별하여 표현한다.

부록

푸드 코디네이션
서식 모음

테이블 세팅 계획서(예시)

조 :

조원 : ———————, ———————, ———————, ———————, ———————,

1. 테이블 이미지
로맨틱한 이미지 : 달콤하고 부드러우며 사랑스럽게 꾸미기

2. 포인트
색 : 연보라색, 크림색

센터피스 : 분홍 · 연보라 · 크림색 장미

커틀러리 : 포크

리넨 : 연분홍색 테이블클로스, 흰색과 연보라색이 조합된 플레이스매트, 흰 냅킨, 레이스
　　　와 분홍색 리본으로 장식한 냅킨링

글라스웨어 : 물잔, 와인잔

3. 메뉴 구성
쿠키, 모둠 과일, 딸기 퐁듀, 바게트 카나페, 산딸기 초코 케이크

4. 테이블 세팅(구체적 설명)
테이블클로스는 연분홍색으로 깔고 플레이스매트는 흰색과 연보라색이 조합된 것을 사용
한다. 흰색 냅킨은 레이스와 분홍색 리본으로 장식한 냅킨링을 끼운 후 사이에 연분홍색 장미
를 꽂아서 장식한다. 접시 옆 오른쪽에 포크를 두며 글라스웨어는 물잔과 와인잔을 세팅한다.

5. 세팅 후 소감
이번 기회를 통해 친하지 않았던 조원들과도 친해진 것 같습니다. 무엇보다도 우리 조 콘
셉트인 로맨틱한 이미지에 대해 잘 알게 된 기회인 것 같습니다. 직접 메뉴를 정하고 소품도
꾸미고 만들어 보면서 알게 모르게 책임감이 생긴 것 같습니다. 그리고 내가 마치 레스토랑
의 지배인이 되어서 손님들에게 이벤트를 해 주는 것 같아서 재미있었습니다. 의견을 모으
고 서로 모르는 내용을 가르쳐 주며 정리하는 과정도 즐거웠고, 여러 가지로 재미있었던 과
제였습니다.

조원 활동지

조 :

조원 : ——————, ——————, ——————, ——————, ——————,

날 일	날짜						
	조원명						
	출석 유무						
	참여 유무						
	참여 시 분담 내용						
확인	수업 중 결과, 제출(내용)						
	조원별 준비물						

※ 조원은 첫 주부터 구성하여 매주 수업 진행 시에 조별로 자리를 배열하여 좌석을 배치한다.

테이블 세팅 체크 리스트

조 :   제목 :   일시 및 대상 :

구 분	5	4	3	2	1	기타(특징)
색상						
리넨류						
커틀러리						
센터피스						
소 품						
메 뉴						
음식 스타일링						
콘셉트 표현						
작품성						
창작성						
전체 조화성						
합 계						

시안 및 계획서

1. 테이블 세팅 계획서 제출

   ① 테이블 이미지(전체 이미지 설명 : 6H 근거)

   ② 포인트(색, 센터피스, 소품 등)

   ③ 메뉴 구성(구체적 설명 : 메뉴명, 재료명, 만드는 과정, 비용)

   ④ 재료 준비 내용 및 과정

   ⑤ 메뉴 서비스 진행 과정

   ⑥ 콘셉트 색(기본색, 색상환 표현)

   ⑦ 테이블 세팅 구체적 설명(색, 식기, 센터피스, 소품 등)

   ⑧ 세팅 후 소감

2. 조원 활동지 제출

3. 메뉴 계획서 제출(작품으로 낼 메뉴 3가지)

시안서

실습 제목	
준비물	
실습 내용	
실습 지도	

기 타	

푸드 표현 예술 치료 활동 프로그램 시안서

제 목	
주 제	
준비물	
방 법	
작품 사진	
소 감	
기대 효과	

푸드 표현 예술 치료 요리 치료 활동

활동명		
활동 목표		
활동 장소		
활동 인원		
활동 대상		
활동 시간		
준비물		
활동 방법	1. 도입 단계	
	2. 활동 단계	
	3. 평가 단계	
	4. 마무리 단계	

아동 요리 교육 활동 계획안

요리 제목			
주 제		연 령	세
참고 도서			
재료와 도구			
활동 과정			
요리 순서표			
교육 효과			
평가 유의점			

푸드
코디네이션
이론과 실습

Food Coordination

2016년 1월 10일 인쇄
2016년 1월 15일 발행

저자 : 이영순 · 김덕희
펴낸이 : 이정일

펴낸곳 : 도서출판 일진사
www.iljinsa.com

(우)04317 서울시 용산구 효창원로 64길 6
대표전화 : 704-1616, 팩스 : 715-3536
등록번호 : 제1979-000009호(1979.4.2)

값 26,000원

ISBN : 978-89-429-1471-5